U0180336

走出造价困境

——360° 成本测算

（土建 装饰工程）

孙嘉诚　编著

机械工业出版社

CHINA MACHINE PRESS

成本控制不仅仅是财务问题，更是一种管理智慧。成本控制着工程成败的经济命脉，每一个从业者共同搭建成本思维，对于项目的管理和盈利，会起到决定性作用。

本书共分为四篇。第一篇：劳务成本。该篇让工程人知道承包一个工程能赚多少钱，同时分析了影响利润波动点的内外部因素。第二篇：总承包对劳务成本。该篇整理了全国 7 大地理分区的劳务分包单价，帮助总承包进行分包时有的放矢。第三篇：总承包对甲方成本。该篇就是定额体系搭建，给出了每一项清单在定额体系下的综合单价，同时给出推荐使用的定额子目，帮助大家在定额套用时，进行详细参考。第四篇：甲方成本。该篇将项目进行成本归集，指标、单方含量分析测算，方便后续项目进行类比，在宏观上指导未来项目的可行性。

本书不仅适合于造价行业的从业者，更适合于工程其他行业的同仁。

图书在版编目（CIP）数据

走出造价困境 . 360°成本测算：土建 装饰工程/孙嘉诚编著 . —北京：机械工业出版社，2024.2（2025.3 重印）
ISBN 978-7-111-75147-2

Ⅰ . ①走…　Ⅱ . ①孙…　Ⅲ . ①建筑造价管理　Ⅳ . ①TU723.31

中国国家版本馆 CIP 数据核字（2024）第 007068 号

机械工业出版社（北京市百万庄大街 22 号　邮政编码 100037）
策划编辑：张　晶　　　　　　责任编辑：张　晶　张大勇
责任校对：曹若菲　刘雅娜　　　责任印制：单爱军
北京虎彩文化传播有限公司印刷
2025 年 3 月第 1 版第 10 次印刷
184mm×260mm・15 印张・329 千字
标准书号：ISBN 978-7-111-75147-2
定价：79.00 元

电话服务　　　　　　　　　　网络服务
客服电话：010-88361066　　　机　工　官　网：www.cmpbook.com
　　　　　010-88379833　　　机　工　官　博：weibo.com/cmp1952
　　　　　010-68326294　　　金　书　网：www.golden-book.com
封底无防伪标均为盗版　　　　机工教育服务网：www.cmpedu.com

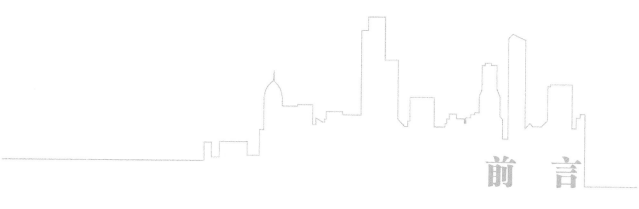

前　言

嗨，你好。

当你打开这本书时，你正在缓缓推开一个厚重的"成本大门"，门后是排列整齐，框架清晰的成本结构，它们正在蓄势待发。此时的你如点将般，将成本数据按照不同的使用场景，列阵在前。在开始成本列阵之前，请你仔细阅读这一段前言，或许在你使用它时，会有所帮助和启发。

"日日行不怕千万里，时时做不惧千万事"，成本体系的搭建并非一朝一夕可以完成，而是需要长久的数据积累和框架式的深度思考，建设工程项目存在体量大、周期长、专业多的特点，因此成本体系的搭建绝非单一线路的数据积累，而是在不同使用场景下的差异化数据排布。成本场景包括劳务分包成本、总承包对劳务成本、总承包对甲方成本、甲方成本等。

庖丁解牛般，层层递进，深入成本内核。很多人将成本"妖魔化"，弄得大家一头雾水，对成本框架的思考渐行渐远。其实简单来说，成本的存在最根本的作用就是让工程人知道，这个项目"赚了多少钱"，不然任何成本分析就都变得"本末倒置"了。分析成本就要深入成本，置身于工程现场，有多少工人，他们的工作效率怎样，几台机械，用了什么材料，单日成本又如何，有哪些影响成本价格的要素都要详细考虑。本书将从最深入的工人劳务成本出发，通过分析劳务分包单价，再比对定额体系价格，让你知道每个环节的利润率究竟有多少。

所以本书共分为四篇，从最根本的劳务成本逐步展开。

第一篇：劳务成本。该篇让工程人知道承包一个工程能赚多少钱，同时分析了影响利润波动点的内外部因素。

第二篇：总承包对劳务成本。该篇整理了全国7大地理分区的劳务分包单价，帮助总承包进行分包时有的放矢。

第三篇：总承包对甲方成本。该篇就是定额体系搭建，给出了每一项清单在定额体系下的综合单价，同时给出推荐使用的定额子目，帮助大家在定额套用时，进行详细参考。

第四篇：甲方成本。该篇将项目进行成本归集，指标、单方含量分析测算，方便后续项目进行类比，在宏观上指导未来项目的可行性。

成本控制不仅仅是财务问题，更是一种管理智慧。同样的价格，有人说低，有人说高，因为一个价格无法满足全国市场。影响成本的因素很多，如结构形式、地区的经济条件、人文风情、水文气象等，大家在使用本书时，可借鉴书内表格内容，对价格进行灵活且动态的调整，这样才能有效地发挥本书的作用。

本书不仅适合于造价行业的从业者，更适合于工程其他行业的同仁，成本控制着工程成败的经济命脉，如果从业者能够共同搭建成本思维，对于项目的管理和盈利，会起到决定性作用。

本书经过 200 天详细打磨，历经 30 余轮市场询价，数十次工地走访考察调研，以及多位专家严谨审核，层层把关，才得以与读者见面，同时感谢河北经贸大学李一航、华北电力大学孙嘉明的数据及技术支持。感谢广大读者朋友的热爱，本书在编写过程中，难免会有错误，请广大读者不吝指正。

我们将会保持初心，持续输出落地有价值的内容，回馈持续支持我们的读者和朋友。

编　者

2023.10.27

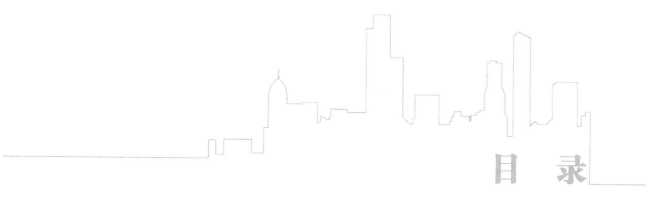

目 录

第二篇　总承包对劳务成本——总承包发包单价控制

第三篇　总承包对甲方成本——定额体系搭建

第四篇　甲方成本——项目成本归集，指标含量测算

第一篇

劳务成本——让工程人知道赚多少钱

劳务分包地区性差异较大，坊间流传一句话叫"哪里工人最实干，架子工云南，木工钢筋工看四川，河南的防水，河北的机电，江西的砌墙，土建就找云贵川，泥工四川无敌，杂工贵州云南，防水得看湖南，抹灰湖北孝感，钢结构江苏，木雕浙江福建，包工云贵川，点工河甘陕，北方的防腐保温，广东江浙的装修No.1"。但不同地区依然有自己过硬的队伍，以上内容仅供参考。

成本价格地区性波动较大，请大家根据测算思路，根据自身的项目情况，动态调整成本价格。

第一章　土方工程

案例 1：开挖 30 万 m³ 土，土方全部外运，能赚多少钱？

某建筑公司承包土石方工程，土石方量为 30 万 m³，运距 10km，工期 85d。现场无堆土点，土方全部外运并消纳。承包价格为 35 元/m³（含税）。

一、施工配置设计

根据整体土方工程量及合同工期要求，对机械进行配置，以此得到测算前提。土方工程施工，一般配置现场管理人员、挖掘机、渣土车即可。

1. 现场实际挖方量计算

根据图样及施工方案计算实际土方量，土方实际开挖量包含工作面及放坡，土方量一共为 30 万 m³ 实方。土方实际外运时，自卸汽车斗容量所承担的土方为虚方量，土方应按照虚方进行折算。此时需要进行虚方和实方转换，见下表。虚方计算公式：$30 \times 1.3 = 39$（万 m³）。

土石方体积换算系数表

名称	虚方	松填	天然密实	夯填
土方	1.00	0.83	0.77	0.67
	1.20	1.00	0.92	0.80
	1.30	1.08	1.00	0.87
	1.50	1.25	1.15	1.00
石方	1.00	0.85	0.65	—
	1.18	1.00	0.76	—
	1.54	1.31	1.00	—
块石	1.75	1.43	1.00	（码方）1.67
砂夹石	1.07	0.94	1.00	—

2. 人工配置

现场需要管理人员 2 名。

3. 挖掘机配置设计

现场总土方量为 39 万 m^3，工期为 85d。

配置 360 挖掘机，标配 1.92m^3 铲斗，满斗 2.2m^3，后八轮渣土车容量为 23m^3，装满一车需要 10 斗，综合考虑不可避免的损耗和休息时间，装满一车需要 5min 左右。1h 能装 $60/5 × 23 = 276(m^3)$，1 台班 9h 可以装 $276 × 9 = 2484(m^3)$，可按 2400m^3 考虑。

现场总土方量为 39 万 m^3，工期为 85d。配备 360 挖掘机 2 台，则实际需要工期为：$390000/2400/2 = 81.25(d) < 85d$，设置合理。

结论：需要 360 挖掘机 2 台，实施工期 82d，考虑修坡等按照 85d 计算。

4. 后八轮渣土车配置设计

后八轮渣土车单车装 23m^3，运距 10km，来回 1.2h，每辆车 7 趟/d，单车单日运输量为 $7 × 23 = 161(m^3)$，单日总出方量为 $2400 × 2 = 4800(m^3)$，渣土车则需配置 $4800/161 = 30(辆)$。

结论：需要后八轮渣土车 30 辆，实施工期 85d。

二、成本测算（测算价格均含税）

1. 360 挖掘机机械费用

费用单价：360 挖掘机，500 元/h，1 台班 9h，单台台班费 4500 元/d（含燃油及机上人工费），总工期 85d。

挖掘机台班费支出：$4500 × 2 × 85 = 76.5(万元)$。

折算到单位体积价格：$76.5/30 = 2.55(元/m^3)$。

2. 后八轮渣土车机械费用

费用单价，起步价 80 元/公里，单公里加 10 元。则 10 公里运费为 170 元/趟。渣土卸车弃土点和环保费用按照 150 元/趟考虑。

渣土车需要 $(390000/23)$ 趟 $= 16957$ 趟。

后八轮渣土车机械费支出：$16957 × (170 + 150) = 542.62(万元)$。

折算到单位体积价格为：$542.62/30 = 18.09(元/m^3)$。

3. 管理人员工资

现场需要 2 人，每人 12000 元/月。

管理人员工资合计：$2 × 12000 × 3 = 7.2(万元)$。

折算到单位体积价格为：$7.2/30 = 0.24(元/m^3)$。

4. 其他费用

其他费用包括公关费、中介费，按照 2.5 元/m^3 考虑，即 $2.5 × 30 = 75(万元)$。

单位体积成本合计：$2.55 + 18.09 + 0.24 + 2.5 = 23.38(元/m^3)$。

三、利润分析

单位体积利润：$35 - 23.38 = 11.62$（元/m³）。

总利润：$11.62 \times 300000 = 348.60$（万元）。

利润率：（$348.60/1050$）$\times 100\% = 33.20\%$。

四、利润波动点

1. 土方"随意"消纳的规避方案

土方外运时，根据部分地区环保要求，需要进行渣土消纳，但土方单位的渣土消纳场地较"随意"，经常不按照规定进行消纳，以此规避高额的渣土消纳费用，此项内容要引起关注，一般需要土方施工单位提供渣土消纳证进行证据辅佐，避免出现"随意"消纳的情况。

2. 施工现场不具备存土条件的双份增利

很多施工场地不具备存土条件，需要对土方进行外运，在进行回填时采用外购土方进行回填，此时土方单位可以利用地区优势，对外运土进行场地储存，待甲方回购时，将原土进行回运，利用地区存土优势，实现利润增加。土方外运获得一笔费用，土方回填又获得一笔费用，土还是原来的土，却实现了双份增利。

3. 土方地区协调"对缝"的增利方式

土方单位一般都具有垄断特性，当地项目较多时，土方单位会对土方进行运输协调，如A项目进行土方外运及消纳，而B项目需要进行外购土方回填时，土方单位一般会直接将A项目的土方运输至B项目，此时在满足质量及环保的前提下，实现了双份增利，即获得外运土方及消纳的费用，又获得了施工企业外购土方的费用。

4. 辅助业主"顺利拆迁"工作

项目的拆迁工作经常不能按期完成，尤其是"钉子户"影响整个工程的进度，一般情况下，业主会将部分拆迁工作交由土方单位完成，此时能够在一定程度上加快拆迁进度，同时项目的电线杆迁改工作也会涉及多部门协调，交由土方单位施工可以加快进度，解决工期拖拉问题。

5. 土方地下出现砂层

目前市场砂石料的售卖价格比较高，它是拌制混凝土的重要原材料，当地下出现砂石时，一般可以进行售卖，但砂石一般归甲方所有。

6. 通过仪器测量标高，能在一定程度上左右土方量的多和少

测量单位可以利用测量仪器来测量土方标高，如RTK等，此时要重点关注测量仪器的高度设置，杆长定义，走位设置以及后续导出表格的高程值是否有偏差，以此精准计算土方工程量。

7. 出现淤泥质土时办理签证的条件

现场出现淤泥质土时，需要及时办理签证，有必要时可会同监理、甲方同步见证。见证内容包括淤泥质土的面积、深度等，以此确定实际换填工程量，方便后期进行结算。

一些施工单位的增利方式：

（1）一些施工单位在处理淤泥时，先做签证，留好现场照片，有条件的现场把淤泥挖到一边，晾干后按照土方外运。既能要到挖淤泥的钱，又能节省外运费用。

（2）第二种如果淤泥过稀，外运时则协调对淤泥进行掺土外运，也是一种处理措施。

具体要实事求是，灵活选择处理问题的方式，以客观公正的方式取得利益最大化。

开挖 30 万 m^3 土，土方全部外运，能赚的钱数见下表。

开挖 30 万 m^3 土，土方全部外运，能赚多少钱

序号	施工配置		数量		单价		时间		单位体积成本/（元/m^3）	总价/万元
			数量	单位	单价	单位	时间	单位		
1	人工	管理人员	2	个	1.2	万元/月	3	月	0.24	7.20
2	机械	360 挖掘机	2	台	500 元/h×9h/d =4500 元/d	元/d	85	d	2.55	76.50
3		后八轮渣土车	16957	趟	320	元/趟	—		18.09	542.62
4	其他费用	公关费、中介费	1	项	75	万元/项	—		2.50	75.00
5	总成本								23.38	701.40
6	承包总价 30 万 m^3×35 元/m^3								35.00	1050.00
7	总利润								348.60 万元	
8	利润率								33.20%	

案例 2：开挖 8 万 m^3 土，土方场内倒运，能赚多少钱？

某建筑公司承包土石方工程，土方场内倒运，土石方量为 8 万 m^3，工期 25d。现场土方用于回填及绿化用地，承包价格为 10 元/m^3（含税）。

一、施工配置设计

根据整体土方工程量及合同工期要求，对机械进行配置，以此得到测算前提。土方工程施工，一般配置现场管理人员、挖掘机、渣土车即可。

1. 现场实际挖方量计算

根据图样及施工方案计算实际土方量，土方实际开挖量包含工作面及放坡，土方量一共为 8 万 m^3 实方。土方实际倒运时，自卸汽车斗容量所承担的土方为虚方量，土方应按

照虚方进行折算。此时需要进行虚方和实方转换，见下表。虚方计算公式：$8 \times 1.3 = 10.4(万\ m^3)$。

土石方体积换算系数表

名称	虚方	松填	天然密实	夯填
土方	1.00	0.83	0.77	0.67
	1.20	1.00	0.92	0.80
	1.30	1.08	1.00	0.87
	1.50	1.25	1.15	1.00
石方	1.00	0.85	0.65	—
	1.18	1.00	0.76	—
	1.54	1.31	1.00	—
块石	1.75	1.43	1.00	（码方）1.67
砂夹石	1.07	0.94	1.00	—

2. 人工配置

现场需要管理人员 1 名。

3. 挖掘机配置设计

现场总土方量为 8 万 m^3，工期为 25d。

配置 220 挖掘机，斗容量为 $1.1m^3$，后八轮渣土车容量为 $23m^3$，装满一车需要 20 斗，综合考虑不可避免的损耗和休息时间，装满一车需要 8min 左右。1h 能装 $(60/8) \times 23 = 172.5(m^3)$，1 台班 9h 可以装 $172.5 \times 9 = 1552.5(m^3)$，可按 $1500m^3/d$ 考虑。

现场总土方量为 10.4 万 m^3，工期为 25d，$104000/25/1500 = 2.8(台)$。

故配备 220 挖掘机 3 台，则实际需要工期为 $104000/1500/3 = 23.1(d)$，设置合理。

结论：需要 220 挖掘机 3 台，实施工期 23d，考虑修坡等按照 25d 计算。

4. 后八轮渣土车配置设计

后八轮渣土车单车装 $23m^3$，场内倒土，每辆车 40 趟/d，单车单日运输量为 $40 \times 23 = 920(m^3)$，单日总出方量为 $1500 \times 3 = 4500(m^3)$，需配置 $4500/920 \approx 5$ 辆渣土车。

结论：需要后八轮渣土车 5 辆，实施工期 25d。

二、成本测算（测算价格均含税）

1. 220 挖掘机机械费用

费用单价：220 挖掘机，260 元/h，1 台班 9h，单台台班费 2340 元/d（含燃油及机上人工费），总工期 25d。

挖掘机台班费支出：$2340 \times 3 \times 25 = 17.55(万元)$。

折算到单位体积价格为：$17.55/8 = 2.19(元/m^3)$。

2. 后八轮渣土车机械费用

费用单价，场内倒运无消纳及环保费用，按照 60 元/趟考虑即可。渣土车需要 104000/23 = 4522（趟）。

后八轮渣土车机械费支出：$4522 \times 60 = 27.13$（万元）。

折算到单位体积价格为：$27.13/8 = 3.39$（元/m³）。

3. 管理人员工资

现场需要 1 人，每人 12000 元/月。

管理人员工资合计：$1 \times 12000 = 1.2$（万元）。

折算到单位体积价格为：$1.2/8 = 0.15$（元/m³）。

4. 其他费用

其他费用包括公关费、中介费，按照 1.25 元/m³ 考虑。即 $1.25 \times 8 = 10$（万元）。

单位体积成本合计：$2.19 + 3.39 + 0.15 + 1.25 = 6.98$（元/m³）。

三、利润分析

单位体积利润：$10 - 6.98 = 3.02$（元/m³）。

总利润：$3.02 \times 80000 = 24.16$（万元）。

利润率：$(24.16/80) \times 100\% = 30.2\%$。

四、利润波动点

1. 施工方土方转运费用增利

施工企业办签证方案：定额回填中仅考虑 5m 以内的土方回运，当土方回运大于 5m 时，要增加转运费用，可以签证的形式落实。

甲方博弈点：土方工程正常进行承包，且现场存在存土场地，承包人应在投标时综合考虑，后期不能以签证的形式进行签认。

2. "山路十八弯"引发的运输增利

土方运输施工时，会因为道路条件而影响运输效率，在土方工程承接前，应查看运输路线，确认是否有山路、是否泥泞、是否有运输困难、是否有变道等情况，这些都会影响运输费用。

3. 踏勘现场是否具备存土条件？

施工场地需要进行现场踏勘，并结合土方施工组织设计或专项方案，分析现场是否具备存土条件，存土距离是多少，避免后期因为回填运距及是否需要外购土产生争议。

8 万 m³ 土，土方场内倒运，能赚的钱数见下表。

8 万 m³ 土，土方场内倒运，能赚多少钱

序号	施工配置		数量		单价		时间		单位体积成本/（元/m³）	总价/万元
			数量	单位	单价	单位	时间	单位		
1	人工	管理人员	1	个	1.2	万元/月	1	月	0.15	1.20
2	机械	220 挖掘机	3	台	260 元/h×9h/d =2340 元/d	元/d	25	d	2.19	17.55
3		后八轮渣土车	4522	趟	60	元/趟	—	—	3.39	27.13
4	其他费用	公关费、中介费	1	项	10	万元/项	—	—	1.25	10.00
5	总成本								6.98	55.84
6	承包总价 8 万 m³×10 元/m³								10.00	80.00
7	总利润								24.16 万元	
8	利润率								30.20%	

案例 3：200 万元购置两台徐工 370 挖掘机，一年能赚多少钱？

购置两台徐工 370 挖掘机，租到工地去作业，会产生哪些费用？从中能获取多少利润？

一、购置成本

单台全新的徐工 370 挖掘机在 100 万元左右，购买两台购置成本为：100×2 = 200（万元）。

二、单台挖掘机年有效收入

1. 年有效工作时间
除了过年期间，以及工程与工程之间的间隙与找活，年有效工作时长为 1700h。

2. 台班单价
370 挖掘机，台班单价在 500 元/h。

3. 单台年进账总额
1700×500 = 85（万元）。

三、单台挖掘机年必要支出

1. 驾驶员工资支出

驾驶员月薪在 12000 元，年支出 $12000 \times 12 = 14.4$（万元）。

2. 油费支出

370 挖掘机每小时油耗 $28 \sim 32L$，油价按照 8 元/L。年油费支出为：$1700 \times 30 \times 8 = 40.8$（万元）。

3. 挖掘机保养费用

500h 保养 1 次，1 次 3000 元。保养费用为（1700/500）$\times 3000 = 1.02$（万元）。

4. 机械折旧费

挖掘机一般可以用 10 年左右，残值为 10 万元。平均年折旧费（$100 - 10$）/$10 = 9$（万元）。

5. 公关及坏账

公关及坏账在 5 万元左右。

单台成本小计：$14.4 + 40.8 + 1.02 + 9 + 5 = 70.22$（万元）。

四、利润分析

两台年利润：（$85 - 14.4 - 40.8 - 1.02 - 9 - 5$）$\times 2 = 29.56$（万元）。

利润率：（29.56/170）$\times 100\% = 17.39\%$。

五、利润波动点

1. 保障机械运转的有效工作时间

挖掘机存在折旧属性，即便什么活都不干，每天停在工地，依然存在折旧损耗，所以租赁挖掘机的重点就在于是否有足够的有效工作时间。

当有效工作时间能够得到保障的情况下，是有利润可赚的。

当工程衔接不好，工程与工程之间间隔时间较长，年末可能存在利润较低或者亏损的可能性。

2. 身兼数职的老板

因为机械的驾驶员成本占比较高，所以很多挖掘机的老板，既是老板又兼职驾驶员，因为这样可以减少一大笔驾驶员的费用支出，对于利润来说更有保障。

3. 预判欠账和坏账问题

挖掘机租赁一般都会存在欠账和坏账问题，一旦费用要不回来就会产生亏损，所以工程开工前要做好预判，才能避免出现亏损的情况。

4. 神奇的 "0 号挖掘机"

在工程现场从开工到竣工，有时会长期存在一台挖掘机进行施工配合工作，这类挖掘机一般按照月份进行结算，常年有效。这样能够保障挖掘机租赁的利润，但此挖掘机，一般都是由甲方及或其合作部门提供。

5. 混乱的台班签证

有些挖掘机按照台班计算费用，现场存在挖掘机混乱签证的情况，即挖掘机老板通过不合理签证的方式，使原始台班量大大增加，以此获得增量利润。此时施工总承包单位一定要仔细核实现场的实际台班发生量，避免出现混乱的台班签证情况。

200 万元购置两台徐工 370 挖掘机一年能赚的钱数见下表。

200 万元购置两台徐工 370 挖掘机一年能赚多少钱

序号	施工配置		数量		单价		时间		总价/万元
			数量	单位	单价	单位	时间	单位	
1	人工	驾驶员工资	1	个	1.2	万元/月	12	月	14.40
2	机械	油费支出	30	L/h	8	元/L	1700	h	40.80
3	其他费用	挖掘机保养费用	500h 保养 1 次		3000	元/次	1700	h	1.02
		折旧费用	挖掘机一般可以用 10 年左右，残值为 10 万元，平均年折旧 9 万元						9.00
		公关及坏账	按照 5 万元考虑						5.00
4	两台挖掘机成本								140.44
5	两台挖掘机总收入（1700h×500 元/h×2）								170.00
6	两台总利润								29.56
7	利润率								17.39%

案例 4：130 万元购置两台 25t 起重机，一年能赚多少钱？

130 万元购置两台全新的国产 25t 的汽车式起重机，租到工地去作业，会产生哪些费用？从中能获取多少利润？

一、购置成本

单台全新的国产 25t 的汽车式起重机，市场价格为 65 万元。

二、年有效收入

1. 年有效工作时间

将起重机租赁到工地，有两种方式获得收益，一种为包月，即按月结算，此承包方式风险较低，降低了工程与工程之间的闲置时间，但一般价格较低。另一种是按照实际台班计算，此承包方式按实际发生计算，租赁价格一般较高。此次测算将年有效工作时间定为 10 个月。一半时间包月，一半时间包台班，即包月 5 个月，包台班 5 个月。

2. 台班单价

包月的价格为 2.8 ~ 3.2 万元/月，按照 3 万元/月计算。

包台班价格为 1400 ~ 1600 元/d。按照 1500 元/d 计算。

3. 单台年进账总额

包月 5 个月进账：$3 \times 5 = 15$（万元）。

包台班 5 个月进账：$1500 \times 5 \times 30 = 22.5$（万元）。

年总收入：$15 + 22.5 = 37.5$（万元）。

三、成本与支出

1. 机械折旧摊销成本

该起重机规定 30 年报废，考虑到老机器的维修保养费用过高，再投入使用不划算，因此此处假定持有 10 年后将其卖掉，按照折旧率 6% 计算，1 台起重机 10 年后残值约为 25 万元，则年均摊销成本为 $(65 - 25)/10 = 4$（万元/年）。

2. 人工费

起重机驾驶员的工资为 8000 ~ 10000 元/月。一年工资为 9.6 ~ 12 万元。计算取 10 万元/年。

3. 维修保养费

维修保养价格为 1 ~ 2 万元/年。计算取 1.5 万元/年。

4. 油费

1 台 25t 汽车式起重机 1h 耗油约 4L，油价 8 元/L。每天工作时间按 8 ~ 10h 计算，油费价格为 256 ~ 320 元/d。按照 300 元/d 测算，一年的费用为 $300 \times 30 \times 10 = 9$（万元）。

5. 坏账及公关

坏账及公关按照 3 万元/年考虑。

单台成本合计：$4 + 10 + 1.5 + 9 + 3 = 27.5$（万元）。

四、利润分析

两台的利润：$10 \times 2 = 20$（万元/年）。

利润率为：$(20/75) \times 100\% = 26.67\%$。

五、利润波动点

可以寻求最佳合作伙伴，如果能寻得机械设备公司或者强险救援部门作为合作伙伴，那么收益则大大提高。

130 万元购置两台 25t 起重机，一年能赚的钱数见下表。

130 万元购置两台 25t 起重机，一年能赚多少钱

序号	施工配置		数量		单价		时间		总价/万元
			数量	单位	单价	单位	时间	单位	
1	人工	起重机驾驶员	1	个	10	万元/年	1	年	10.00
2	机械	油费	1	项	9	万元/年	1	年	9.00
3	其他	摊销成本	1	项	4	万元/年	1	年	4.00
		维修保养费	1	项	1.5	万元/年	1	年	1.50
		坏账及应酬	1	项	3	万元/年	1	年	3.00
4	两台起重机总成本								55.00
5	两台起重机的总收入（37.5 万元/年×2）								75.00
6	两台起重机总利润								20.00
7	利润率								26.67%

第二章 桩基工程

案例 1：清包 99 万元的旋挖桩，劳务能赚多少钱？

某建筑公司承包桩基工程，该工程包括 300 根桩，平均桩长 20m，土质较理想，为二类普通土，群桩桩径 800mm，承包单价是 165 元/m，承包暂定总价为 99 万元，承包范围包括平整场地、埋设护筒、成孔、钢筋笼制作安装、吊运下沉、混凝土浇筑。此项工程桩基承包单位能赚多少钱？

一、施工配置设计

1. 工程项目情况

工程项目包括平整场地、埋设护筒、成孔、钢筋笼制作安装、吊运下沉、混凝土浇筑（含导管安装）。

2. 人工配置

人工配置包括配合成孔、泥浆制备、护壁、清孔；钢筋笼制作安装；混凝土浇筑；配合下导管及护筒等。

3. 机械配置

三一 360H 旋挖机一台，每天可以施工 5 根桩，每根桩 24m，施工效率为 120m/d。

25t 起重机和 220 挖掘机各 1 台。

二、成本测算（测算价格均含税）

1. 人工费用

（1）成孔、泥浆制备、护壁、清孔：10 元/m。

（2）钢筋笼制作费用为：520 元/t，ϕ800mm 钢筋笼含钢量为 42kg/m，21.84 元/m。

（3）钢筋笼安装费用为：120 元/t，ϕ800mm 钢筋笼含钢量为 42kg/m，5.04 元/m。

（4）混凝土浇筑费用为：10 元/m。

人工费用合计：10 + 21.84 + 5.04 + 10 = 46.88（元/m）。

2. 机械费用

（1）旋挖机成孔费用。以租赁三一360H旋挖机为例，租赁费每月19万元，含驾驶员、燃油费，施工效率为120m/d，旋挖机成孔费用为：190000/30/120=52.78（元/m）。

（2）25t起重机租赁费用为：3万元/月，折合为30000/30/120=8.33（元/m）。

（3）220挖掘机租赁费用为：3.5万元/月，折合35000/30/120=9.72（元/m）。

机械费用合计：52.78+8.33+9.72=70.83（元/m）。

3. 其他费用

（1）大型机械进出场费用：5元/m。

（2）管理费：5元/m。

（3）公关费：10元/m。

其他费用合计：5+5+10=20（元/m）。

单位成本合计：46.88+70.83+20=137.71（元/m）。

三、利润分析

单位长度利润：165-137.71=27.29（元/m）。

总利润：27.29×6000=16.37（万元）。

利润率：（16.37/99）×100%=16.54%。

四、利润波动点

旋挖桩工程是否赚钱与自身情况有很大关系。

1. "地质条件"决定盈利水平

地质条件，开挖的难易程度，影响劳务分包单价。地质情况直接影响旋挖桩工程的施工效率，地质好的地方可每天施工100~120m，但是地质不好，或者有层岩的地方，每天施工20~30m的都有，所以要根据实际情况进行报价，不注意地质情况盲目报价极容易产生亏损。

2. 工作衔接决定有效工作时长

当年有效工作时间能够得到保证的情况下，是有利润可赚的。当工程衔接不好，工程与工程之间间隔时间较长，年末可能存在利润较低或者亏损的可能性。

3. 桩基的承包范围不清引起的费用争议

破桩头、桩基检测费，另行考虑。要注意灌注桩的破桩头是否在合同范围内进行承包还是需要另行计算，一般φ800mm桩头，单个破桩头费用在180~220元。其次桩基检测费根据《建筑安装工程费用项目组成》（建标〔2013〕44号文）的规定，桩基的特殊检测应由甲方承担，此费用应单独计算，不包括在桩基本身，但合同另有约定的除外。

4. 断桩、塌孔的损失控制

需要考虑断桩等的损失情况。当出现断桩或者塌孔的情况，需要另行开孔，此费用无法单独计算，所以承包人需要考虑这部分风险。

5. 欠账、坏账影响资金回笼

预判欠账和坏账问题。旋挖桩工程一般都会存在欠账和坏账问题，一旦费用要不回来就会出现亏损，所以要对工程做好预判，才能避免出现亏损的情况。

清包桩径800mm的旋挖桩，能赚的钱数见下表。

清包桩径 800mm 的旋挖桩，能赚多少钱

序号	施工配置		数量		单价		单日成孔		单位长度成本/（元/m）	总价/万元
			数量	单位	单价	单位	数量	单位		
1	人工	成孔、泥浆制备、护壁、清孔	—	—	—	—	120	m	10.00	6.00
2		钢筋笼制作费用	42	kg/m	520	元/t	120	m	21.84	13.10
3		钢筋笼安装费用	42	kg/m	120	元/t	120	m	5.04	3.02
4		混凝土浇筑费用	—	—	—	—	120	m	10.00	6.00
5	机械	旋挖机成孔费用	1	台	190000	元/月	120	m	52.78	31.67
6		25t起重机	1	台	30000	元/月	120	m	8.33	5.00
7		220挖掘机	1	台	35000	元/月	120	m	9.72	5.83
8	其他费用	大型机械进出场费用	6000	m	30000	项	120	m	5.00	3.00
9		管理费	6000	m	30000	项	120	m	5.00	3.00
10		公关费	6000	m	60000	项	120	m	10.00	6.00
11	总成本（总数量6000m）								137.71	82.63
12	承包总价								165.00	99.00
13	总利润								16.37 万元	
14	利润率								16.54%	

案例2：大包1700万元的旋挖桩，能赚多少钱？

某建筑公司承包桩基工程，该工程包括1000根桩，平均桩长20m，土质较理想，为二类普通土，群桩桩径800mm，承包单价是850元/m。承包范围包括平整场地、埋设护筒、成孔、钢筋笼制作安装、吊运下沉、混凝土浇筑。

一、施工配置设计

1. 工程项目情况

工程项目包括平整场地、埋设护筒、成孔、钢筋笼制作安装、吊运下沉、混凝土浇筑（含导管安装）。

2. 人工配置

人工配置包括配合成孔、泥浆制备、护壁、清孔；钢筋笼制作安装；混凝土浇筑；配合

下导管及护筒等。

3. 材料

钢筋、混凝土。

4. 机械配置

三一360H旋挖机一台，每天可以施工5根桩，每根桩长24m，施工效率为120m/d。

二、成本测算（测算价格均含税）

此费用同上述案例相比，增加了钢筋、混凝土的材料费，故本次测算增加钢筋和混凝土的成本测算即可。

1. 材料成本

（1）钢筋成本。ϕ800mm钢筋笼含钢量为42kg/m，钢材按照2024年1月平均价为4500元/t，则折算成本为：（4500/1000）×42＝189（元/m）。

（2）混凝土。ϕ800mm的桩径，每米用量为：$3.14×0.4×0.4×1＝0.5（m^3）$，考虑混凝土损耗及充盈系数1.15。

$0.5×1.15＝0.575（m^3）$；以C30混凝土为例，中原地区，混凝土单价为450元/m^3（不同地区相差较大，应按照不同地区进行测算），则混凝土的折算成本为0.575×450＝258.75（元/m）。

2. 现场管理人员及公关成本

现场管理人员及应酬成本增加30元/m。

总费用合计为：137.71＋189＋258.75＋30＝615.46（元/m）。

三、利润分析

1）总成本（含税）。

615.46×1000×20＝1230.92（万元）。

2）总利润。

1700－1230.92＝469.08（万元）。

利润率为：（469.08/1700）×100%＝27.59%。

四、利润波动点

1. 复合地基、基坑与边坡的检测，变形观测等费用的归属争议

边坡的检测、变形观测等项目，不属于工程中的一般性检测，所以不含在总承包单位的企业管理费的检测费用当中，发生时需要业主单独计算。

但有些业主会将此项检测交由施工单位完成，此时需要根据图样及甲方要求，在编制清单时，将复合地基、基坑与边坡的检测，变形观测等费用单独列项，不要漏项。

2. 桩基检测的费用，是由业主承担还是施工单位承担，有没有什么依据？

工程检测一般分为一般性检测和特殊检测。

（1）一般性检测：在施工单位的投标报价中，包括了企业管理费，而企业管理费包括工程检测费用，但此处的工程检测费用为一般性检测，即施工过程中为了保证制作安装到工程部位的构件质量必须合格而发生的检测费。

（2）特殊检测/专项检测：为甲方另行分包的成品构件检测，此费用由甲方列支。如低应变、高应变、超声波检测等。此费用不包括在总承包范围内，发生时另行计算。

（3）依据：参照《建筑安装工程费用项目组成》（建标〔2013〕44号）附件一的4.8条，"检验试验费：是指施工企业按照有关标准规定，对建筑以及材料、构件和建筑安装物进行一般鉴定、检查所发生的费用，包括自设实验室试验所耗用的材料等费用。不包括新结构、新材料的试验费，对构件做破坏性试验及其他特殊要求检验试验的费用和建设单位委托检测机构进行检测的费用，对此类检测发生的费用，由建设单位在工程建设其他费用中列支。但对施工企业提供的具有合格证明的材料检测不合格的，该检测费用由施工企业支付。"

（4）《建筑与市政工程施工质量控制通用规范》（GB 55032—2022）第3.4.1条关于检测费用的解读，"建设单位应委托具备相应资质的第三方检测机构进行工程质量检测，检测项目和数量应符合抽样检验要求。非建设单位委托的检测机构出具的检测报告不得作为工程质量验收依据。"此规范和前述文件不冲突，一般性检测属于为了保证构件质量合格而发生的检测，比如混凝土的回弹试验，保护层厚度检测，施工方可以自行检测，不需要专业的第三方机构进行检测，而第三方机构检测归属于特殊检测，由建设单位承担。故此两个文件无任何冲突。

大包桩径800mm的旋挖桩，能赚的钱数见下表。

大包桩径800mm的旋挖桩，能赚多少钱

序号	施工配置		数量		单价		单日成孔		单位长度成本/(元/m)	总价/万元
			数量	单位	单价	单位	数量	单位		
1	人工	成孔、泥浆制备、护壁、清孔	—	—	—	—	120	m	10.00	20.00
2		钢筋笼制作费用	42	kg/m	520	元/t	120	m	21.84	43.68
3		钢筋笼安装费用	42	kg/m	120	元/t	120	m	5.04	10.08
4		混凝土浇筑费用	—	—	—	—	120	m	10.00	20.00
5	材料	钢筋	42	kg/m	4500	元/t	—	—	189.00	378.00
6		混凝土	0.575	m³/m	450	元/m³	—	—	258.75	517.50
7	机械	旋挖机成孔费用	1	台	190000	元/月	120	m	52.78	105.56
8		25t起重机	1	台	30000	元/月	120	m	8.33	16.66
9		220挖掘机	1	台	35000	元/月	120	m	9.72	19.44

（续）

序号	施工配置		数量		单价		单日成孔		单位长度成本/（元/m）	总价/万元
			数量	单位	单价	单位	数量	单位		
10	其他费用	大型机械进出场费用	20000	m	100000	项	120	m	5.00	10.00
11		管理费	20000	m	700000	项	120	m	35.00	70.00
12		公关费	20000	m	200000	项	120	m	10.00	20.00
13	总成本（总数量 20×1000m）								615.46	1230.92
14	承包总价（20000m×850元/m）								850.00	1700.00
15	总利润									469.08 万元
16	利润率									27.59%

案例 3：480 万元大包预应力管桩，能赚多少钱？

某建筑公司承包桩基工程，PHC500 壁厚 125mm 的管桩。设计桩长为 26m，每栋楼静力压桩 180 根，总计 600 根，包工包料单价 310 元/m（此价格为含税价，且为甲方提供电源后价，价格含打桩、送桩、场区内转机进退场费等全部费用）。

一、施工配置设计

1. 工程项目情况
工程项目包括平整场地、测量放线、桩机定位、吊桩、喂桩定位、校核垂直度、沉桩、送桩、标高停止、移位。

2. 人工配置
人工配置包括控制方向及接桩，一台桩机配三个人，两个人控制桩机方向，同时负责每根桩的接桩。

3. 材料
预应力管桩。

4. 机械配置
山河智能 ZYJ860 液压静力压桩机。

静力压桩成孔时间：考虑桩间机械移动、定位时间、接桩时间、送桩时间，以及不可避免的中断时间，成孔（26m 孔深）时间在 45min 左右，一天按照 9h 施工考虑，则一天成孔 $9×(60/45)×26 = 312(m)$，实际打桩不分昼夜，一般为两班倒，则一天实际施工 18h（2 班），能打 $312×2 = 624(m)$。

二、成本测算（测算价格均含税）

1. 人工费

辅助人工费：一台桩机配三个人，两个人控制桩机方向，同时负责每根桩的接桩。三个人 $12000 \times 3 \times 2/30/624 = 3.85$（元/m），但此处考虑夜间加班增加费用，按照辅助劳务单价 5 元/m 计算。

2. 材料费

PHC500 壁厚 125mm 管桩，定制长度为 13m，一根桩刚好是两节，不含桩尖 180 元/m。

3. 机械费

（1）打桩费用。一个机械台班按照 9h 考虑（非定额台班），单日按照两班倒，承包单价为：7800 元/台班，费用含机上人工、柴油费。则单价为：$7800 \times 2/624 = 25$（元/m）。

（2）2 台 25t 起重机租赁费用：3 万元/（月·台），单日按照两班倒，折合为：$30000 \times 2/30/624 = 3.21$（元/m）。

4. 其他费用

（1）大型机械进出场费用。大型机械进出场一次价格为 4 万元左右，$40000/(600 \times 26) = 2.56$（元/m），此处按照 3 元/m 考虑。

（2）电费、公关费、坏账：按照 10 元/m 考虑。

单位长度成本合计：$5 + 180 + 25 + 3.21 + 3 + 10 = 226.21$（元/m）。

三、利润分析

单位长度利润：$310 - 226.21 = 83.79$（元/m）。

总利润：$83.79 \times 26 \times 600 = 130.71$（万元）。

利润率：$(130.71/483.6) \times 100\% = 27.03\%$。

四、利润波动点

1. 严格审核偷桩情况

施工现场存在偷桩长情况，如设计桩长 25m，试桩 35m，实际施工仅为 20m。业主应会同监理、总承包单位，以及桩基分包单位对桩进行验孔，避免出现虚桩长度。

2. 严格审核预制桩以次充好情况

要严格约定桩的品牌，预制桩进出场要核验合格章，避免出现以次充好情况。如合同约定管桩采用建华桩，但实际进场却为杂牌桩，故导致价格出现偏差，以次充好，影响整体工程质量。

3. 单独打试桩、锚桩的费用增加

试桩是指在正式桩施工之前进行的试验性桩，以此判定该桩基能否达到承载力要求。锚桩是一种试桩的辅助桩，受拉力作用。如静压试验一般一根试桩配四根锚桩，试桩承受压力，锚桩承受上拔力。通常试验结束后锚桩兼做工程桩。

4. 送桩的费用增加

送桩是指预制桩由于设计的桩顶标高低于桩机开打的地面高度，但预制桩必须从开打的地面高度开始打入地下，开打的地面标高至设计桩顶标高段部分需要用送桩器送入地下，这段空桩部分称为送桩。出现送桩时，人工、机械可根据送桩深度乘以 1.25~1.67 的系数。

5. 预应力钢筋混凝土管桩桩头灌芯及内壁清洗费用

预制空心管桩，桩内壁需要做处理时，费用应该按照签证计算，包括清孔、刷水泥浆或混凝土界面剂，及时做好施工方案方便后期结算。

6. 超灌高度的认定

超灌是指在混凝土浇筑过程中，表面会出现浮浆，为保证桩身质量，在浇筑至设计标高后，要继续超灌一段距离，待混凝土硬化成型后，再进行桩头破碎。超灌高度计入桩身高度中，同时分析图样是否明确超灌具体高度，如无明确则需要及时提出图样答疑，避免后期因为使用规范不明确，超灌高度无法确定，从而导致扯皮。

7. 桩基空孔争议的解决方式

有些工程为了保证进度，在场地未达到场平标高的情况下，即要求施工单位进行挖桩，这时候便产生空孔，空孔长度＝孔深－桩长，孔深为自然地面至设计桩底的深度。空孔的情况需要及时办理签证，明确开挖时的自然地面标高，同时需要记取空孔护壁混凝土、护壁钢筋及空孔外运的费用，将所述资料备齐，避免后期结算产生争议。

静压预应力管桩，能赚的钱数见下表。

静压预应力管桩，能赚多少钱

序号	施工配置		数量		单价		单日成孔		单位长度成本/（元/m）	总价/万元
			数量	单位	单价	单位	数量	单位		
1	人工	人工配合	3	人	12000	元/月	624	m	5.00	7.80
2	材料	PHC500 管桩	600	根	180	元/m	624	m	180.00	280.80
3	机械	静力压桩机	1	台	7800	元/台班	624	m	25.00	39.00
		25t 起重机	2	台	30000	元/月	624	m	3.21	5.01
4	其他费用	大型机械进出场费用	—	—	1	项	624	m	3.00	4.68
5		公关费及电费	—	—	1	项	624	m	10.00	15.60
6	总成本								226.21	352.89
7	承包总价（600×26m×310 元/m）								310.00	483.60
8	总利润								130.71 万元	
9	利润率								27.03%	

第三章 降水工程

案例：70万元的管井降水工程，能赚多少钱？

某建筑公司承包降水工程，现场采用管井降水，采用的是管径为500mm无砂滤水管。现场共设置40个井点，每根管井的平均长度为18m，抽水工期为120d。利润能有多少？

一、施工配置设计

1. 施工配置

井点放线定位、钻孔、井管安装、填管壁缝隙料、洗井、安装抽水设备、抽水试验、铺设排水总管及沉砂池、联网抽水。

2. 人工配置

辅助人员：钻孔工1人，沉管安装工4人，抽水值班工2人，电工1人。

3. 材料配置

无砂滤水管、砂料或碎石等。

4. 机械配置

钻机设备（回转/冲击钻机）、高压水泵（2kW）。

二、成本测算（测算价格均含税）

降水分为两部分费用，一个是成孔费用，另一个是降水费用，降水费用根据时间的不同会有所差异。

（一）成孔费用

1. 成孔的费用

前文已经对成孔进行了详细的测算，此处就不再赘述，成孔的费用包含人工及机械费用，费用为180元/m。

总费用为 $180 \times 40 \times 18 = 12.96$（万元）。

2. 材料

无砂混凝土滤水管：单价为 50 元/m。

总费用为 $40 \times 18 \times 50 = 3.6$（万元）。

（二）降水费用

1. 抽水的机械台班费用

抽水一般按照 24h 不间断降水，包含抽水水泵、电费等。一台机械 1h 用电 2kW·h，电费为 1 元/kW·h，24h 需要 48 元/台，每口井电费 48 元/d。

水泵设备租赁及看护人工，每口井 15 元/d。

合计 $48 + 15 = 63[$元/（d·口）$]$。

2. 抽水时间

抽水从土方开挖前开始，至主楼外围的回填土结束，一般会随着土方工程的施工周期。周期一般视工程项目大小确定。本工程降水工期为 120d。

总费用为：$63 \times 40 \times 120 = 30.24$（万元）；折算单价为 $302400/40/18 = 420$（元/m）。

（三）公关费等

公关费等为 5 万元。

三、利润分析

1）总成本。

$12.96 + 3.6 + 30.24 + 5 = 51.8$（万元）。

2）总利润。

$70 - 51.8 = 18.2$（万元）。

3）利润率。

$(18.2/70) \times 100\% = 26\%$。

四、价格影响要素

1. 真真假假的地下水位

在抽水前要考虑真实的地下水质情况，如地下水源非常丰富，则利润率变低，需要持续抽水或者加大水泵。如果遇到地下水质和实际地勘不符，水量较少，则此时利润率将大大增加。

2. 你不知道的停泵

很多抽水项目存在降水间歇，所有水泵并不是同时开机的，很多项目实际情况是降 2h

时，歇2h，此种情况下降水台班费就要远低于实际台班费了。所以施工总承包单位要重点关注现场停泵情况，避免出现损失。

3. 精准办理降水签证

使用轻型井点降水，如现场共需要安装多少台机器、布置周长多长、单排井点水平间距多远、成孔直径多大同时几日—几日开通几台机器、停几台机器，都要在签证单内予以明确，避免因参数不齐全引起争议。

4. 基础施工停工或者延期时的降水签证

当基础施工发生停工，或者因为业主原因导致延期，此时施工现场需要继续降水，此项降水措施不包括在原投标范围内，需要及时办理签证，同时注意在编制签证的时候，要明确抽水形式，抽水机型号、功率，抽水起止时间等，抽水机因型号的不同价格会有所差异，所以在签证中要加以明确。

70万元的管井降水工程，能赚的钱数见下表。

70万元的管井降水工程，能赚多少钱

序号	施工配置			数量		单价		单井米数		总价/万元
				数量	单位	单价	单位	数量	单位	
1	成孔费用	人工及机械	成孔的费用包含人工及机械	40	口	180	元/m	18	m	12.96
2		材料	无砂混凝土滤水管	40	口	50	元/m	18	m	3.60
3	降水费用	人工及机械	水泵设备租赁及看护人工	40	口	15	元/口	120	d	7.20
4		电费		40	口	48	元/口	120	d	23.04
5	其他费用	公关费		1	项	—	—	—	—	5.00
6	承包总价（720m×972.22元/m）									70.00
7	总成本									51.80
8	总利润									18.20
9	利润率									26.00%

第四章　混凝土工程

案例1：清包202万元的泥工浇筑混凝土，能赚多少钱？

某建筑公司清包混凝土工程，该建筑工程地下车库为 2.8 万 m^2，地上主楼部分为 5.2 万 m^2，工期为 12 个月（其中地下部分 3 个月，地上部分 9 个月）

对泥工进行劳务清包，分包价格为主楼 20 元/m^2，地下车库 35 元/m^2，总工程款为 $35 \times 2.8 + 20 \times 5.2 = 202$（万元）。该项目能赚多少钱？

一、市场询价

（1）项目长期作业：一般按面积报价，主楼 20 元/m^2，地下车库 35 ~ 40 元/m^2，若地下车库中有夹层、水池等，价格可能会更高。

（2）项目短期作业：一般按照方量报价。主楼 16 ~ 18 元/m^3，基础筏板等大方量的混凝土价格偏低，为 8 ~ 12 元/m^3。

二、人工配置测算

地下泥工配置：

混凝土施工是团队工作，单个人无法完成，按照大小工均值测算，一人一天浇筑混凝土 20 ~ 25 m^3。则：

地下混凝土总方量测算：$28000 \times 1.25 = 35000$（$m^3$）（1.25 为地下室混凝土建筑面积单方含量折算系数）；需要泥工 35000/20 = 1750（工日）。

地上混凝土总方量测算：$52000 \times 0.35 = 18200$（$m^3$）（0.35 为地上混凝土建筑面积单方含量折算系数）；需要泥工 18200/20 = 910（工日）。

根据工期情况及流水作业情况，设置两个班组，共 12 名泥工为宜。

三、人工成本测算（测算价格均含税）

1. 人工费用

目前市场泥工工资为 350 元/d。

（1750 + 910）× 350 = 93.1（万元）。折合到建筑面积为：93.1/8 = 11.64（元/m²）。

目前市场承包给小班组价格为 10 ~ 12 元/m²，和市场价格吻合。

2. 零工补助

考虑到施工工程量较大，较忙时会雇用临时工进行作业，此处设置 20 万元零工补助，折合到面积为：20/8 = 2.5（元/m²）。

人工费合计：11.64 + 2.5 = 14.14（元/m²）。

四、机械

零工工具：购买工具、劳保用品如振捣棒、磨光机、翻斗车、手套、胶鞋等，此处所需费用约 10 万元。折合到面积为：10/8 = 1.25（元/m²）。

五、其他

（1）文明施工费。

清理垃圾、文明施工 10 万元。折合到面积：10/8 = 1.25（元/m²）。

（2）公关及坏账。

按照 15 万元考虑。折合到面积：15/8 = 1.88（元/m²）。

单位面积成本合计：11.64 + 2.5 + 1.25 + 1.25 + 1.88 = 18.52（元/m²）。

六、利润分析

总利润：202 − 18.52 × 8 = 53.84（万元）。

利润率：（53.84/202）× 100% = 26.65%。

七、利润波动点

1. 明确承包范围，避免后续结算争议

混凝土工程因为涉及内容较多，对于一些细部构造经常会产生范围认定的争议，如地下工程是否包括清土、垫层浇筑、防水保护层、凿毛、养护、垃圾清理等内容。最好在合同中进行明确的界面划分，避免因为范围问题而产生争议。

2. 现场堵管，泵车混凝土凝固闷罐的费用

如果混凝土的粒径较大，泵管高度较高，会发生堵管情况，由此会增加清管的费用，其次是由于堵车，道路运输困难，导致混凝土在罐车中发生了凝固现象（闷罐），此时要对罐车内混凝土进行清理，由此产生额外费用。

3. 严禁在混凝土中加白糖，需使用正规的外加剂

在夏季高温情况下，混凝土会加快凝结速度，现场来不及振捣和抹平就会发生凝固，

按照正常拌和情况，需要在混凝土拌和时增加3%的缓凝剂，缓凝剂的价格在3000元/t，每立方米混凝土成本在40元，成本较高。所以很多施工单位会将缓凝剂用白糖替代，因为缓凝剂的载体也是糖，此时直接加入0.06%的白糖，凝固时间就能延长一倍，成本只需1元。但加白糖风险较高，质量无法把控，此种情况是不被允许的，要严格控制此种情况的发生。

4. 不同混凝土结算方式的注意事项

1）按实结算（小票结算或者车结）。施工单位直接按照混凝土小票或者车辆数对混凝土搅拌站进行结算。

注意：施工单位一定要随时抽查混凝土运输罐车的混凝土量是否足够，并制定亏方处罚措施，避免出现亏方现象，这种结算方式简单、易行，是首选的结算方式。

2）按图结算（图结）。依据工程实际施工图，直接按照图样进行结算的一种方式。

施工单位应重点关注混凝土按图结算工程量和实际小票工程量的差异，避免因为混凝土超厚、超宽等情况，导致混凝土工程量失去控制。

5. 产生亏方的原因

1）垫层所处的地基松散不平，模板安装不规范，造成超出理论方量过多。

2）由于图样变更导致混凝土工程量的差异。

3）不规则的结构或设计复杂的部位，是否存在方量计算不准。

4）施工过程中是否有漏浆、胀模、跑模等现象（多结合现场实际情况及照片）。

5）是否将混凝土浇筑到其他部位预制构件、临时路面、塔式起重机基础等。

6）泵管中存留的混凝土无法用到浇筑部位上，浇筑工程面积越大、楼层越高、泵管越长，供方亏损越大。

6. 塔式起重机基础属于什么类型费用？如何计算？

塔式起重机基础属于不构成工程实体的项目，按照措施费列项，在报价中不要漏算，费用包括混凝土、钢筋、模板、塔式起重机基础拆除及外运等。如果前期没有明确图样，在施工时，可以以签证形式落实。部分塔式起重机基础根据所在项目不同，会设置不同的围护结构，此费用包括在措施费中，一并计算。

7. 影响混凝土造价的几方面

1）地面是否有饰面层：地面做法是否有随打随压光做法（即为了方便快速施工，地面压光后表面不再做任何装饰），如为随打随压光地面必须注明，并适当提高综合单价。

2）寒冷地区的室外抗冻混凝土：如北方地区室外蓄水池、水工工程，使用阶段会有抗冻要求，结合图样说明，按抗冻混凝土配制及增加外加剂，并提高综合单价。

3）清水混凝土（即未来混凝土表面不再装饰，要求表面光洁、色泽一致的混凝土）、自密实混凝土等特种混凝土：由于这种混凝土胶结料用量较大，对材料要求较高，组价时其单价也需适当提高。

清包202万元的泥工浇筑混凝土，能赚的钱数见下表。

序号	施工配置		数量		单价		建筑面积价格/(元/m²)	总价/万元
			数量	单位	单价	单位		
1	人工	泥工	2660	工日	350	元/d	11.64	93.10
		零工补助	1	项	20	万元	2.50	20.00
2	材料	工具、劳保用品	1	项	10	万元	1.25	10.00
3	其他	文明施工	1	项	10	万元	1.25	10.00
		公关及坏账	1	项	15	万元	1.88	15.00
4	总成本						18.52	148.16
5	承包总价 外包的清工价格主楼 20 元/m²，地下车库 35 元/m²						25.25	202.00
6	总利润						53.84 万元	
7	利润率						26.65%	

案例 2：年产 60 万 m³ 的混凝土搅拌站，投资需要多少？一年利润多少？

一、投资

1. 生产线

年产 60 万 m³ 混凝土搅拌站需要中联重科 HZS180 生产线 2 条，单条生产线理论生产混凝土 180m³/h，实际产量 125m³/h，按照每天工作 8h，每年工作 300d 计算，年产混凝土 30 万 m³ 左右，两条生产线年产量 60 万 m³。

加上水泥仓等配套设施，一条生产线的费用约 150 万元，两条生产线需要费用 300 万元。

2. 混凝土泵车

配置 4 台泵车，包括 3 台 63m 泵和 1 台地泵，目前市场价格 63m 泵 240 万元/台，地泵 70 万元/台。泵车费用为 240 × 3 + 70 = 790（万元）。

3. 混凝土运输罐车

根据项目所在地情况，需要 18 台 15m³ 全勤罐车加上 2 台 15m³ 机动备用罐车进行运输，罐车按照每台 40 万元考虑。罐车费用为 20 × 40 = 800（万元）。

但罐车操作较为灵活，可自己买也可租赁或外包。

4. 人工费

人工费包括生产、管理、运输，一年支出约500万元。

5. 辅助型设备

18m的地磅1台，9.5万元。

50装载机（铲车）1辆，35万元。

砂石分离机1台，6万元。

污水净化池3个，3万元1个，共9万元。

辅助型设备合计：9.5 + 35 + 6 + 9 = 59.5（万元）。

6. 其他费用

（1）土地租金及厂区土建等100万元/年。

（2）坏账及公关300万元/年。

总结：

一个商品混凝土搅拌站固定资产投资：300 + 790 + 800 + 59.5 = 1949.5（万元）。

年其他费用支出：300 + 100 + 500 = 900（万元）。

二、利润分析

由于原材料取值不同，不同地区混凝土价格有所偏差，如黑龙江、吉林、辽宁、内蒙古部分地区，C30混凝土价格在300 ~ 350元/m³，但北京、山东一带C30混凝土价格为500 ~ 550元/m³，所以要根据所在地区的原材料进行详细测算。

目前1m³混凝土毛利率约为30%，纯利率约为10%，即450元/m³的C30混凝土，每立方米利润为450 × 10% = 45（元），年产60万m³，按照多种强度混凝土综合考虑，年利润为40 × 600000 = 2400（万元）。

三、利润波动点

1. 搅拌站大量垫资问题

虽然混凝土搅拌站理论上来看，利润率非常可观，但一般混凝土项目要阶段性回款，甚至有的变成了死账，垫资非常巨大，如果没有雄厚的资金支撑，容易导致资金链断裂，引起破产风险。

2. 砂石料涨价及环保问题

原材料存在涨价波动，原材料涨价会带动成本增加，也会引起价格变化，同时环保的核查也是直接影响价格的因素。

年产60万m³的混凝土搅拌站的投资额和一年利润见下表。

序号	投资		数量		单价		时间		总价/万元
			数量	单位	单价	单位	时间	单位	
1	HZS180 生产线		2	条	150	万元	1	项	300.00
2	混凝土泵车		4	辆	63m 泵 240 万元/辆，地泵 70 万元/辆		1	项	790.00
3	混凝土运输罐车		20	辆	40	万元	1	项	800.00
4	人工费		生产、管理、运输				1	年	500.00
5	辅助型设备	18m 的地磅	1	台	9.5	万元	1	项	9.50
6		50 装载机即铲车	1	辆	35	万元	1	项	35.00
7		砂石分离机	1	台	6	万元	1	项	6.00
8		污水净化池	3	个	3	万元	1	项	9.00
9	其他费用	土地租金及厂区土建					1	年	100.00
10		坏账及公关					1	年	300.00
11	固定资产投资								1949.50
12	年支出成本								900.00
13	总利润（年产 60 万 m³ 单方 10% 利润）								2400.00

案例 3：生产 1m³ 混凝土成本多少？

注意事项：因为混凝土原材料存在地区差异，不同地区原材料采购差异较大，如黑龙江、吉林、辽宁、内蒙古部分地区，C30 混凝土价格在 300~350 元/m³，但北京、山东一带 C30 混凝土在 500~550 元/m³，所以要根据所在地区的原材料进行详细测算。

混凝土的原材料主要有胶凝材料（包括水泥和粉煤灰）、水、细骨料、粗骨料，需要掺入外加剂和矿物混合材料。以 C30 为例，其中水泥:中砂:石子:水 = 1:1.87:2.81:0.44。

一、成本测算（不含税）

1. 人工成本

搅拌站配置 30 名驾驶员和 10 名管理人员，人工工资为 400 元/d，则一天人工工资：$400 \times 40 = 16000$（元）。一天的工作量为 1600m³ 混凝土，则人工成本：$16000/1600 = 10$（元/m³）。

2. 材料成本

1m³ 混凝土各种材料用量：水 130kg、水泥 220kg、砂 920kg 以及石子 980kg，粉煤灰 120kg，外加剂 8.44kg。目前材料单价：水泥 470 元/t；砂 120 元/t；石子 105 元/t，粉煤灰

70 元/t；外加剂 650 元/t。

水（工业用水）：0.13t/m³×5 元/t=0.65 元/m³。

水泥：0.22t/m³×470 元/t=103.4 元/m³。

砂：0.92t/m³×120 元/t=110.4 元/m³。

石子：0.98t/m³×105 元/t=102.9 元/m³。

粉煤灰：0.12t/m³×70 元/t=8.4 元/m³。

外加剂：0.0084t/m³×650 元/t=5.46 元/m³。

因此可得出 1m³ 混凝土的材料单价：331.21 元/m³。

3. 机械成本

混凝土运输、车辆维修、保养、泵车等成本合计 25 元/m³。

4. 其他

税金：47.61 元/m³。

公关费：7 元/m³。

成本合计：10+331.21+25+7+47.61=420.82（元/m³）。

二、利润波动点

重点控制材料以次充好、材料不达标、现场出现运输亏方等情况

（1）石子：石子分碎石和卵石，碎石有棱角，粘结力好，含泥量低，质量好，但市场缺货，单价高，而卵石从河道里挖出，直接筛分为三档料，单价低，但含泥量高，粘结力差。

（2）胶凝材料：粉煤灰用一级或者二级的，但很多达不到质量标准，含硫量超标，而且采用没有活性的石粉来代替有活性的矿粉。

（3）胶凝材料用量：部分商品混凝土搅拌站粉煤灰用量超过规定，富余系数低，容易开裂。

（4）抗渗混凝土 p6、p8：需要增加抗渗材料，但实际未加入。

（5）现场亏方，如拌和装车 8m³，开 9m³ 单子，尤其是大方量，损耗率比较高的经常出现亏方。此时需要在工地门口装一个地磅，来查看是否出现亏方。

（6）过磅时，利用泵车水箱里面的水向罐车里灌水，来增加重量。

生产 1m³ 混凝土的成本见下表。

生产 1m³ 混凝土成本是多少

序号	施工配置		数量		单价		时间/类型		单位成本/(元/m³)
			数量	单位	单价	单位	时间	单位	
1	人工	驾驶员	30	个	400	元/d	1	d	10.00
		管理人员	10	个	400	元/d	1	d	

（续）

序号	施工配置		数量		单价		时间/类型		单位成本/（元/m³）
			数量	单位	单价	单位	时间	单位	
2	材料	水	0.13	t	5	元/t	1	项	0.65
		水泥	0.22	t	470	元/t	1	项	103.40
		砂	0.92	t	120	元/t	1	项	110.40
		石子	0.98	t	105	元/t	1	项	102.90
		粉煤灰	0.12	t	70	元/t	1	项	8.40
		外加剂	0.0084	t	650	元/t	1	项	5.46
3	机械		混凝土运输、车辆维修、保养、泵车						25.00
4	其他	公关	公关费						7.00
		税金	13%						47.61
5	成本合计								420.82

第五章　钢筋工程

案例1：工地钢筋工一年能赚多少钱？

某建筑工程，地上部分标准层为500m²/层，对钢筋部分进行劳务分包。一般分包有两种模式，一种是点工，即按照每天固定金额发放工资，如每天350~400元，但点工模式工人积极性不高，容易存在磨洋工情况。另一种是包工形式，即按照单位面积或者绑扎吨数计算，工作做得越多越快，赚得也越多，这样工人的积极性会大大提高，因此正常施工项目一般采用包工形式。而零星项目多采用点工形式。

一、施工配置设计

钢筋工一天能绑扎40m²左右，如果按照吨计算，地下部分大筏板可以绑扎1~1.2t/d，地上主楼部分600~700kg/d。如果为500m²标准层，钢筋的建筑面积地上部分单方含量为45kg/m²，钢筋吨数大概为$500×45/1000 = 22.5(t)$。则所需人工为：$22.5/0.6 = 37.5$（工日）。

一般10人为一个钢筋班组，则绑扎一个标准层需要$37.5/10 = 3.75(d) ≈ 4d$。

标准层时间配置：标准层墙柱钢筋绑扎完成需要1.5d时间，梁板钢筋需要2.5d时间。如工期紧张，则需要另加帮助或者增加钢筋点工。

二、有效工作时间

工程按照正常施工进度进行，7d完成1层，墙柱钢筋绑扎1.5d，木工搭支模架、铺平板2.5d，平板铺完扎梁板钢筋、水电埋线管2.5d，浇筑混凝土0.5d。因此钢筋工一周工作4d。除节假日及个人休息按照钢筋工在工地300d计算。钢筋工一年的实际工作时间为：$300×4/7 = 171(d)$。

三、成本测算（测算价格均含税）

1. 工人日收入

工人的工资一般为35元/m²，以500m²标准层计算，标准层施工完毕后的工资为：$35×500 = 17500$（元）。人均收入为：$17500/10/4 = 437.5$（元/d）。

2. 年包工收入

一名钢筋工的年收入：437.5 × 171 = 74812.5（元），夫妻二人在工地一年收入为：74812.5 × 2 = 149625（元）。

3. 年点工收入

此外通过了解实际情况，工地工人一般在没有活的时候也不会选择休息，而是去工地打点工，尽可能多赚钱。按照一周打点工 2d，年点工天数：300 × 2/7 = 85（d），点工工资为350 元/d，则一名钢筋工一年打点工的工资收入：85 × 350 = 29750（元）。夫妻二人打点工收入：29750 × 2 = 59500（元）。

4. 小结

钢筋工夫妻二人一年工作收入：149625 + 59500 = 209125（元）。

钢筋劳务夫妻二人一年能赚的钱数见下表。

钢筋劳务夫妻二人一年能赚多少钱

序号	施工配置		数量		单价		时间/类型		夫妻二人实际收入/元
			数量	单位	单价	单位	时间	单位	
1	人工	包工收入	35	元/m²	437.5	元/d	171	d	149625.00
		点工收入	—	—	350	元/d	85	d	59500.00
2	收入合计								209125.00

案例2：清包593万元的钢筋工程，能赚多少钱？

某建筑公司清包钢筋工程，该工程为住宅项目，地上建筑面积 36500m²，地下为28000m² 的地下车库。承包价格按照地上、地下分别报价计算，地上住宅楼按平方米计算：55 元/m²；地下车库按吨位算：850 元/t（含税）。地下车库含钢量在 165kg/m² 左右，所需钢筋：165 × 28000 = 4620000（kg），即 4620t 钢筋。则承包总价为 36500 × 55 + 4620 × 850 = 5934500（元），承包这一项目能赚多少钱？

一、人工配置

钢筋工一天能绑扎 40m² 左右，如果按照吨计算，地下部分大筏板可以绑扎 1～1.2t/d，包工平均单日工作时间长、效率高，价格相对较高，折算单价在 600～800 元/d，地上主楼部分 600～700kg/d。

二、成本测算（测算价格均含税）

1. 人工

地下车库：包给工人的价格为 600/1 = 600（元/t）（不含后台制作加工）。

地上部分：包给工人 30 元/m²（不含后台制作加工）。

后台制作加工 8 元/m²。

带班工资 4 元/m²。

2. 材料

辅材小料如扎丝、保护层垫块等 1.5 元/m²。

钢筋接头、电渣压力焊、直螺纹连接等 2.5 元/m²。

3. 机械

钢筋加工的机械如弯箍机、调直机等 1.5 元/m²。

4. 其他费用

公关及坏账：3 元/m²。

5. 支出合计

$600 \times 4620 + 30 \times 36500 + (8 + 4 + 1.5 + 2.5 + 1.5 + 3) \times (36500 + 28000) = 5189250$（元）。

三、利润分析

$5934500 - 5189250 = 745250$（元）。

利润率：$(745250/5934500) \times 100\% = 12.56\%$。

四、利润波动点

1. 满扎和跳扎竟然影响了成本的 30%

分析图样要求，查看钢筋绑扎是否要求满扎，涉及人防的必须满扎，其他的，如墙柱梁垂直面钢筋网的交叉点及板上部钢筋网的交叉点是否一定要满扎，满扎和跳扎成本可差 30% 左右。

2. 工程量计算要知根知底

新手建议按平方米报价，易算账，有利于控制成本。同时要注意在工程量计算风险方面要多进行审核。

3. 范围要合理认定

注意细节，如辅材谁买，钢筋由谁卸车及工期要求。同时关注工程款的支付节点及工人实际支出成本，是发生活费还是按照产值比例发放，这些直接关系到承包人垫资的多少。

4. 严格控制钢筋偷工减料情况

关注如锚固长度、搭接长度、梁的腰筋，梁顶附加筋、加密区域是否加密等内容，避免偷工减料情况发生。

清包 593 万元的钢筋工程，能赚的钱数见下表。

清包593万元的钢筋工程，能赚多少钱

序号	施工配置			数量		单价		单位建筑面积	合价/
				数量	单位	单价	单位	成本/（元/m²）	万元
1	人工	工人		4620	t	600	元/t	99.00	277.20
				36500	m²	30	元/m²	30.00	109.50
		后台加工		64500	m²	8	元/m²	8.00	51.60
		带班		64500	m²	4	元/m²	4.00	25.80
2	材料	辅材小料如扎丝、保护层垫块		64500	m²	1.5	元/m²	1.50	9.68
		钢筋接头、电渣压力焊、直螺纹连接		64500	m²	2.5	元/m²	2.50	16.13
3	机械	钢筋加工的机械如弯箍机、调直机		64500	m²	1.5	元/m²	1.50	9.68
4	其他	公关及坏账		64500	m²	3	元/m²	3.00	19.35
5	成本合计（地上36500m²；地下28000m²）							80.45	518.93
6	承包总价（地上55元/m²；地下850元/t）							92.01	593.45
7	总利润							74.53 万元	
8	利润率							12.56%	

第六章　模板工程

案例1：木工班组实际成本测算（测算价格均含税）

某建筑公司承包模板工程，该住宅地上 10000m² 总建筑面积，模板展开系数按照 3 考虑，展开面积为 $10000 \times 3 = 30000(m^2)$。该住宅标准层 500m²，共 20 层，以此为测算对象，对模板木工的消耗量及单价进行测算。

1. 施工配置

据市场调研，木工单日工作量为 40m² 的展开面积。一般由 15 名工人组成一个施工班组，一天工作量为 $40 \times 15 = 600(m^2)$，每标准层需要绑扎 $500 \times 3/600 = 2.5(d)$。

工程按照正常施工进度进行，7d 完成一层，墙柱钢筋绑扎 1.5d，木工搭支模架、铺平板 2.5d，平板铺完扎梁板钢筋、水电埋线管 2.5d，浇筑混凝土 0.5d。因此木工一周工作 2.5d。但根据项目流水作业木工周均工作 5d。

2. 人工费用

根据施工现场询价，木工分为点工和包工两种情况，点工一般是零星用工比较便宜，价格在 350~400 元/d。

而包工包到工人手里大概 24~27 元/m²（展开面积），按照工日折算为 $25 \times 40 = 1000(元/d)$；但考虑施工前配料，施工中吊模，以及实施后拆模时间，此费用要打 7 折，即包工每天在 700 元左右。且并非每天都有工作，工程完成后的找活时间也要有效考虑。

案例2：清包342万元的木工工程，能赚多少钱？

某建筑公司承包高层木工工程，清包工价格为 38 元/m²（展开面积）（含税），其中包含了钉子、钢丝及水泥支撑，其中步步紧和螺杆、三型卡由项目部提供，建筑面积约为 3 万 m²，工期为 6 个月。

一、施工配置设计

建筑面积约为 3 万 m^2，按照高层住宅的展开系数 3.0 考虑，木工的模板展开面积为 9 万 m^2，工期为 6 个月。一般配置 15 名工人为一个施工班组，需要两个班组同时流水作业施工。配置小工 3 人，主要负责施工过程中需要进行的胀模、剔凿、挑模板等辅助性工作。

二、成本测算 （测算价格均含税）

1. 人工费

包给木工包工的价格为：27 元/m^2（展开面积）。

辅助性人工：小工 3 人，一天 220 元/人，总价为 $3 \times 220 \times 180 = 11.88$（万元）。折合单价为 $11.88/9 = 1.32$（元/m^2）（展开面积）。

2. 带班费用

木工带班 2 人，费用为 1.3 万元/月。6 个月的工资：$1.3 \times 6 \times 2 = 15.6$（万元）。折合单价为 $15.6/9 = 1.73$（元/m^2）（展开面积）。

3. 辅助性材料费

辅助性材料费包括钉子、钢丝、水泥支撑及一些杂费，10 万元左右，折合单价为 $10/9 = 1.11$（元/m^2）（展开面积）。

4. 电动工具费

考虑到施工现场可能会用到电锯、电锤等工具，按照 4.5 万元计算。折合单价为 $4.5/9 = 0.5$（元/m^2）（展开面积）。

5. 公关及坏账

公关及坏账 20 万元。折合单价为 $20/9 = 2.22$（元/m^2）（展开面积）。

单位展开面积成本合计：$27 + 1.32 + 1.73 + 1.11 + 0.5 + 2.22 = 33.88$（元/$m^2$）。

三、利润分析

单位展开面积利润：$38 - 33.88 = 4.12$（元/m^2）。

总利润：$4.12 \times 90000 = 37.08$（万元）。

利润率为：$[37.08/(38 \times 9)] \times 100\% = 10.84\%$。

清包 342 万元的木工工程，能赚的钱数见下表。

清包 342 万元的木工工程，能赚多少钱

序号	施工配置		数量		单价		时间		单位展开面积	合价/
			数量	单位	单价	单位	时间	单位	价格/（元/m²）	万元
1	人工	木模板包工	90000	m²	27	元/m²	180	d	27.00	243.00
		小工	3	人	220	元/d	180	d	1.32	11.88
		带班	2	人	13000	元/月	180	d	1.73	15.60
2	材料	钉子、钢丝、水泥支撑及一些杂费	90000	m²	100000	项	180	d	1.11	10.00
3	机械	电动工具	90000	m²	45000	项	180	d	0.50	4.50
4	其他	公关及坏账	公关及坏账 20 万元						2.22	20.00
5	总成本（总数量 9 万 m²）								33.88	304.92
6	承包总价 38 元/m²（展开面积）								38.00	342.00
7	总利润								37.08 万元	
8	利润率								10.84%	

案例 3：504 万元的高层木工工程包工包料，能赚多少钱？

某建筑公司承包高层木工工程，清工价格为 168 元/m²（建筑面积）（含税），所有材料均包含在费用中，建筑面积约为 3 万 m²，工期为 6 个月。工程款约为 500 万元。

一、施工配置设计

建筑面积约为 3 万 m²，按照高层住宅的展开系数 3.0 考虑，木工的模板展开面积为 9 万 m²，工期为 6 个月。一般配置 15 名工人为一个施工班组，需要两个班组同时流水作业施工。配置小工 3 人，主要负责施工过程中需要进行的胀模、剔凿、挑模板等辅助性工作。

按照高层住宅的展开系数 3.0 考虑，展开面积单价为 168/3 = 56（元/m²）。

二、成本测算

1. 人工费

（1）人工费用（展开面积）。根据上述全部成本测算（测算价格均含税），包给木工包工价格为 27 元/m²，同时考虑异形柱补贴、楼梯补贴以及小工等，按照 30/m² 考虑。此处设置 10 名木工。

（2）木工带班费用（展开面积）。木工带班 2 人，费用为 1.3 万/月。6 个月的工资为 1.3 × 6 × 2 = 15.6（万元）。折合单价为 15.6/9 = 1.73（元/m²）。

人工费合计：30 + 1.73 = 31.73（元/m²）。

2. 材料费

（1）模板（展开面积）。木制模板单价 40 元/m²，木制模板按照周转次数 6 ~ 7 次考虑，并考虑损耗与补充模板消耗，模板摊销价测算：

40（模板采购单价）/6（周转次数）× 1.1（损耗与补充模板消耗）= 7.33（元/m²）。

（2）木方（展开面积）。木方 6 元/m，每平方米模板后面的背楞需用木方 6.5m（木方损耗系数较低，按照模板 40% 损耗率计算）。

木方摊销价 = 6.5（每平方米模板背楞量）× 6（木方单价）/6（周转次数）× 40%（损耗率）= 2.6（元/m²）。

（3）钢管、扣件、顶托（展开面积）。每平方米用钢管 15m，每米钢管用扣件 1 个，损耗率按照 5%，租赁费用为钢管 0.015 元/（d·m），扣件 0.008 元/（d·个），工期 6 个月可以一直用。每层设置三层钢管，并进行周转使用，单层建筑面积为 1000m²，展开面积为 1000 × 3m² = 3000m²，工期为 6 个月，则：

钢管：3000（单层展开面积）× 15 × 0.015 × 6 × 30 × 1.05/90000 = 1.42（元/m²）。

扣件：3000（单层展开面积）× 15 × 0.008 × 6 × 30 × 1.05/90000 = 0.76（元/m²）。

顶托：0.5 元/m²。

（4）辅材。钉子、钢丝 0.5 元/m²，螺杆、步步紧、PVC 套管、水泥支撑 1 元/m²。

材料费合计：7.33 + 2.6 + 1.42 + 0.76 + 0.5 + 1.5 = 14.11（元/m²）。

三、其他

1. 文明施工费

施工现场的物料整理、文明施工费用为 1 元/m²。

2. 胀模后打胀剔凿费用

胀模后打胀剔凿费用 0.5 元/m²。

3. 公关及坏账

公关及坏账按照 20 万元考虑，折合单价为 20/9 = 2.22（元/m²）。

其他费用合计：1 + 0.5 + 2.22 = 3.72（元/m²）。

单位展开面积成本合计：31.73 + 14.11 + 3.72 = 49.56（元/m²）。

四、利润分析

单位面积利润：56 - 49.56 = 6.44（元/m²）。

总利润：$6.44 \times 90000 = 57.96$（万元）。

利润率：$(57.96/504) \times 100\% = 11.5\%$。

五、利润波动点

1. 展开系数 2.8 和 3.2，直接影响工程利润

由于很多业主按照建筑面积进行发包，所以此时承包人会根据展开系数进行折算，按照常规经验，高层住宅一般按照 3.0 的系数进行换算，但是根据项目的结构形式、造型情况，换算系数会有所不同，2.8 和 3.2 的系数之差会直接影响项目是否盈利；当结构造型比较复杂时，换算系数会较高，同时木工班组的工作量是按照展开面积计算的，费用由此变多，同时所有模板木方也会增多，工效严重降低，所以工程特征决定工程成本，千万不可以想当然。

2. 暴力拆模会影响模板的周转次数

一般模板的周转次数为 6 次左右，但项目管理水平高低，会影响模板的周转次数，项目管理水平高的，模板可以周转 7~8 次，但项目管理水平较低，尤其是暴力拆模的，会影响模板的周转次数，进而影响模板的成本价格。

同时模板选用时是采用 30 元一张的还是采用 70~80 元一张的也会影响成本，质量差的模板周转率低，配模成本会大大提高。

3. 层高

一般工程层高在 2.8~3.6m，超出这一范围时，会产生施工降效，此时工人工资就要多加 2~3 元/m²。此处利润点要引起注意。

4. 一次浇筑成型的 20cm 以内的垛子的费用增加

一次性浇筑成型构件，由于配模麻烦，加固难度大，易跑模变形，导致后期剔凿工作量增大，工人一般会要求增加费用，报价前要做好详细的咨询工作，问清是否非要一次浇筑成型，避免利润点蒸发。

5. 异形结构的数量

施工图中，奇形怪状的柱子数量多不多？外立面线条、造型多不多？数量多的情况要考虑工人增加费用的诉求，报价时要注意。

6. 现场的吊装条件

例如塔式起重机能不能整个覆盖？电梯井、山墙等项目有无塔式起重机的成本相差较大，此处要考虑全面。

7. 房中房、有盖水池的有无

工程中如有房中房、有盖水池的情况支模拆模及进料出料的成本会比没有的高出许多。

8. 是否提供工人住宿及仓库

不提供住宿时工人要在外租房子，会产生额外的费用增加。

9. 后浇带支模要求

后浇带是可以整体支模还是必须独立支模？独立支模因为施工麻烦所需的人工成本更高。

10. 支付条件及保证金

给工人发工资是按照每月定额发放，还是按照产值固定比例月付关系到垫资额的多少。

11. 非工程原因导致的混凝土模板一次摊销情况

有些时候，业主为了赶工或一些特殊的工艺需求，造成模板只能使用一次就埋在土里或破坏，无法再进行周转，这时候施工单位需要准备好详细的依据资料，并及时找甲方签认，避免造成额外的损失。

504 万元的高层木工工程包工包料，能赚的钱数见下表。

504 万元的高层木工工程包工包料，能赚多少钱

序号	施工配置		数量		单价		时间		单位展开面积价格/（元/m²）	总价/万元
			数量	单位	单价	单位	时间	单位		
1	人工	木工工人	90000	m²	30	元/m²	180	d	30.00	270.00
		带班	2	个	13000	元/月	180	d	1.73	15.60
2	材料	模板	1	项	40	元/m²	6	周转次数	7.33	66.00
		木方	6.5	m/m²	6	元/m	6	周转次数	2.60	23.40
		钢管	15	m/m²	0.015	元/（d·m）	180	d	1.42	12.76
		扣件	1	个/m	0.008	元/（d·个）	180	d	0.76	6.80
		顶托	0.5 元/m²						0.50	4.50
		辅材	钉子、钢丝 0.5 元/m²						0.50	4.50
		辅材	螺杆、步步紧、PVC 套管、水泥支撑 1 元/m²						1.00	9.00
3	其他	文明施工费	施工现场的物料整理、文明施工费为 1 元/m²						1.00	9.00
		胀模	胀模后打胀剔凿费用 0.5 元/m²						0.50	4.50
		公关及坏账	公关及坏账所需费用 20 万元						2.22	20.00
4	劳务清包总成本								49.56	446.04
5	承包总价 56 元/m²								56.00	504.00
6	总利润								57.96 万元	
7	利润率								11.50%	

案例 4：铝模木工一天能赚多少钱？

以地上 10000m² 总建筑面积，展开面积为 $10000 \times 3 = 30000$（m²），其中标准层 500m²，展开面积 $500 \times 3 = 1500$（m²）的 20 层住宅为测算对象，对铝模木工的消耗量及单价进行测算。

一、施工配置设计

根据市场询价，做铝模的熟练工一天能施工 $40\mathrm{m}^2$ 左右，考虑带新人一天在 $37\mathrm{m}^2$，施工速度为 4 层一个月，设置 6 名铝模木工。

二、外包价格

目前市场包给点工价格为 27 元/m^2。

三、成本测算

单日人均价格：$27 \times 37 = 999$（元/d）。

但考虑铝模工人并非每天都有工作，根据项目的流水作业，每周实际工作时间为 4～5d，此时按照 5d 计算考虑，单月实际工作时间为 20d。则单月工资为 $999 \times 20 = 19980$（元/月）。

四、利润波动点

1. 铝模板面及结构形式

如果铝模板面大，结构形式简单，单日工作量会大大增加，单日工资会随之增加。

2. 施工难度降效

夏季施工时，由于室外温度较高，铝模整体温度也会较高，铝模拆模的难度会增大，同时在铝模上绑扎钢筋时的难度也会增加。

3. 铝模的开裂、渗水和水电开槽情况

由于铝模拆模时间比较短，容易造成楼面开裂、渗水。同时铝模水电开槽，需要面层抹灰，也会给后期带来很多麻烦，容易引起成本的增加。

第七章　砌体工程

案例1：清包132万元的加气块砌筑工程，能赚多少钱？

某建筑公司清包加气块砌筑工程，该工程为2栋地上建筑面积10000m²的20层住宅，标准层建筑面积为500m²。该工程清包工单价为330元/m³（含税）（含构造柱混凝土构件等，其中木工和钢筋单独计算）。

一、施工配置设计

2栋建筑面积10000m²，方量系数为0.2，则砌筑总方量10000×0.2×2 = 4000（m³）；标准层面积为500m²，则单层砌筑量为100m³，其中包括85m³的加气块砌筑和15m³的混凝土构件（圈梁、过梁、构造柱），需要配置加气块砌筑工8~10人，自带小工。单日能砌筑3~4m³。

二、成本测算（测算价格均含税）

1. 人工

（1）砌筑工人：包给砌筑工人255元/m³（有些项目是按平方米进行报价，30~35元/m²），含构造柱混凝土浇筑等。

如构造柱单独计算，构造柱混凝土浇筑有两种方式：按18~20元/延长米或按混凝土方量350~400元/m³计算。

（2）上料人工：上砖、上砂浆20元/m³（楼层越高价格越高，特别是20层以上价格将会增加）。

2. 机械

机械工具的购买：电动工具、斗车一般一次性购买，多个工地可以循环使用，损耗率较小，按照0.5万元考虑，折合到每立方米：0.5/0.4 = 1.25（元/m³）。

3. 其他

（1）文明施工费：碎砖落地混凝土的清理 500 元/层，折合到方量：500/100 = 5（元/m³）。

（2）工字钢洞口封堵等杂活 1 万元，折合到方量：1/0.4 = 2.5（元/m³）。

（3）公关及坏账：按照 5 元/m³ 考虑。

4. 成本合计

单方成本合计为：255 + 20 + 1.25 + 5 + 2.5 + 5 = 288.75（元/m³）。

三、利润分析

单位体积利润：330 - 288.75 = 41.25（元/m³）。

总利润为：（330 - 288.75）× 4000 = 16.5（万元）。

利润率为：（16.5/132）× 100% = 12.5%。

四、利润波动点

1. 明确的承包范围，是确定承包价格的前提

对于砌筑工程，承包范围的多样性，制约着承包价格的高低，如是否包括二次结构工程，是否含面层抹灰、植筋，是否包括上料，是否包括垃圾清理，这些都直接影响着综合单价，所以在签订砌体工程合同时，要对承包范围进行清晰明确的界定，避免后续结算产生争议。

2. 砌体墙什么情况要挂钢丝网？有哪几种挂网方式？分别有什么作用？块料面层还需要挂网吗？

一般有两种挂网方式，分别是材质交界处挂 300mm 宽钢丝网或玻纤网格布和砌体墙满挂钢丝网：

（1）满挂钢丝网：《建筑抗震设计规范》（GB 50011—2010）中规定"楼梯间，人流通道的填充墙，尚应采用钢丝网砂浆面层加强"。因为当发生地震时，电梯已经不能使用了，人们需要通过人流通道和楼梯间进行逃生，如果楼梯间和人流通道发生墙面掉落，会堵塞生命要道，是不被允许的。

（2）在不同材质的交接处如砌体墙和混凝土梁，要布置 200～300mm 宽的钢丝网片或者玻纤网格布，目的是为了防止不同材质处抹灰的时候出现开裂，即便是块料面层，打底层灰的时候还是要布置钢丝网片的。

（3）砌体墙满挂钢丝网是因为混凝土、砌块、砂浆不同的材料，它们热胀冷缩的程度不同，容易造成墙面开裂，为防止这种开裂，我们把不同强度的材料用钢丝网连在一起，构成一整体，使伸缩率均匀，所以采用满挂钢丝网来预防和减少墙面的开裂。

（4）圈梁、过梁、构造柱是否需要计算钢丝网？竖向挂网是否漏算？

圈梁、过梁、构造柱也需要计算钢丝网，在计算挂网时，不要只计算横向挂网而忽略竖向挂网。

但实际现场施工时，经常漏做此项目，施工现场要引起注意。

3. 什么是砖胎模？砖胎模的成本分析及审计点有哪些？

（1）砖胎模是指用砖制作成模板，用来替代无法施工的木模板。

（2）砖胎模的常用部位。

1）地下室筏形基础侧壁：此部位须在筏板和垫层之间做防水，为保证整体性，需要将防水铺贴到砖胎模里侧，并随着筏板混凝土浇筑完毕后，防水上反到侧壁墙上，保证了防水的连续性，避免出现防水薄弱层。如果用木模板的话，防水无法粘贴在木模板上，所以出现了代替木模板的砖砌基础——砖胎模。

其他常见的砖胎模有集水坑、电梯基坑、基础梁、承台。

2）在一些混凝土浇筑后，模板无法拆除或者拆除要浪费大量人力物力的时候，同时如果将模板与混凝土同时浇筑，模板腐烂影响主体结构稳定，此时采用砖胎模来代替模板。

3）砖胎模中容易漏算的项目：计算时包括砖胎模体积及侧面抹灰，但有些特殊的项目要求顶部抹灰，所以需要结合具体施工方案，精准计算相应工程量。一般情况下套用砖基础定额子目。

4. 砌体植筋的正确计算

为了加固建筑物或是续建，在原建筑上钻孔，插入钢筋，用特用胶水灌缝，使钢筋锚固在其中，钢筋和原建筑将成为一体。

可以利用软件中的砌体拉结筋进行绘制，软件中设置即生成砌体加筋。套取植筋定额子目即可。

植筋什么时候能计算：

1）图样或者合同规定要求采用预埋的，施工单位为了施工便利，自行决定使用植筋的不予计算。

2）图样或合同没有明确的，且施工单位在图样会审时又没有提出，则不计算。

3）图样明确规定或者合同规定可以使用植筋的可以计算。

对于植筋的计算要重点注意资料到位，及时跟踪。

5. 施工现场因业主原因就同一部位进行拆墙、重新砌墙，产生利旧费用，此时材料费如何计算？

拆墙，或者重新砌墙，砌体可重复利用，审计在计算的时候，会将材料费全部扣除或按重新利用处理，但拆墙会导致部分砖的破损，有一定损耗率，所以想要对拆的墙体进行二次利用的时候，要综合考虑损耗率及砌体铲灰。此项费用不要漏算。

6. 设计图中，砌体墙标注厚度为 100mm、120mm、200mm 等，但实际进场砌块厚度多为 90mm、115mm、190mm，此处工程量是否应按实扣减？

在图样上砌体墙标注厚度为 100mm、120mm、200mm 等，但实际市场多为 90mm、115mm、190mm 厚度的砌块，在计算砌体净量的时候，如果是以市场 90mm、115mm、

190mm 厚度的砌块砌的，也需要按照图样尺寸进行计算（除部分地区有明确规定之外）。参考河北省定额解释。

《2012 年河北省建筑工程计价依据解释》（冀建价建〔2014〕58 号）

附件 1：2012 年《全国统一建筑工程基础定额河北省消耗量定额》解释—A.3 砌筑工程第 1 条，具体如下：

砌块墙图样宽度与砌块尺寸不同时，计算工程量的墙宽应该按哪个尺寸计算？例如：图样中墙宽200mm、实际砌块宽190mm，图样中墙宽100mm、实际砌块宽90mm，应按哪个尺寸计算？

答：除标准砖砌体以外的砌块以图示尺寸为准。

7. 构造柱的布置争议，构造柱按照图样要求设置，软件自动生成，布置位置存在不确定性，如何避免布置上的争议？

在实际施工中，构造柱的实际布置，由于设计图只给出了固定构造柱布置方案，一般规定，按照直接给定填充墙长度超过 5m，或超过层高 2 倍时，填充墙无约束的端部，电梯井四角，内外墙不同材质交界处，入户门和大于 2m 的洞口边等，这就造成了现场不确定性。

实际操作时建议根据现场经项目确认的构造柱平面布置图，来进行深化布置，并且双方签字盖章落实，以达成项目组精细化设计，这样既能节约建造成本，又能避免结算争议。

清包 132 万元的加气块砌筑工程，能赚的钱数见下表。

清包 132 万元的加气块砌筑工程，能赚多少钱

序号	施工配置		数量		单价		单位砌筑量	总价/万元
			数量	单位	单价	单位	价格/(元/m³)	
1	人工	砌筑工人	4000	m³	255	元/m³	255.00	102.00
		上料人工	4000	m³	20	元/m³	20.00	8.00
2	机械	机械工具的购买	1	项	0.5	万元	1.25	0.50
3	其他	文明施工费	1	项	500	元/层	5.00	2.00
		工字钢洞口封堵	1	项	10000	元	2.50	1.00
		公关及坏账	1	项	20000	元	5.00	2.00
4	成本合计						288.75	115.50
5	总承包价格：330 元/m³						330.00	132.00
6	总利润						16.50 万元	
7	利润率						12.50%	

案例 2：清包 210 万元的二次结构工程，能赚多少钱？

某建筑公司清包 2 栋地上建筑面积 10000m² 的 20 层住宅的二次结构工程，价格为 105 元/m²（建筑面积）（不含内外墙抹灰）。

一、施工配置设计

2 栋建筑面积 10000m² 的住宅，方量系数为 0.2，则砌筑总方量为 $10000 \times 2 \times 0.2 = 4000(m^3)$，二次结构模板总量按照 0.22 展开系数考虑为 $2 \times 10000 \times 0.22 = 4400(m^2)$，标准层面积为 500m²，则单层砌筑量为 100m³，其中包括 85m³ 的加气块砌筑和 15m³ 的混凝土构件（圈梁、过梁、构造柱），需要配置加气块砌筑工 8~10 人，自带小工。

二、成本测算（测算价格均含税）

1. 人工砌砖

承包给工人，砌煤矸石空心砖 280 元/m³，承包总价为 $280 \times 4000 = 112(万元)$，折算到建筑面积为 $1120000/20000 = 56(元/m^2)$（建筑面积）。

2. 材料

（1）钢筋。主要包括构造柱、圈梁、过梁、窗台压顶的钢筋制作、安装和绑扎。钢筋按照建筑面积 6 元/m²（建筑面积），植筋 2 元/m²。

（2）模板。主要包括圈梁、过梁、构造柱、卫生间止水带、支模，含小料不含辅材，包给工人的价格为 40 元/m²（展开面积），总工程款为 $40 \times 4400 = 17.6(万元)$，折算到建筑面积：$176000/20000 = 8.8(元/m^2)$（建筑面积）。

（3）浇筑混凝土。20000m² 的建筑面积，构造柱长度按照 0.4 系数计算，构造柱总长为 8000m，单价为 16 元/m，价格合计 $8000 \times 16 = 12.8(万元)$，折算到建筑面积：$128000/20000 = 6.4(元/m^2)$（建筑面积）。

三、其他

1. 安全文明施工

安全文明施工按照 3 元/m² 考虑。

2. 公关及坏账

公关及坏账按照 2 元/m² 考虑。

单位面积成本合计：56 + 8 + 8.8 + 6.4 + 3 + 2 = 84.2（元/m²）。

四、利润分析

单位建筑面积利润：105 - 84.2 = 20.8（元/m²）。

总利润：20.8 × 20000 = 41.6（万元）。

利润率：（41.6/210）× 100% = 19.81%。

清包210万元的二次结构工程能赚的钱数见下表。

清包210万元的二次结构工程能赚多少钱

序号	施工配置		数量		单价		建筑面积/m²	单位建筑面积价格/（元/m²）	总价/万元
			数量	单位	单价	单位			
1	人工	砌筑工人	4000	m³	280	元/m³	20000	56.00	112.00
2	材料	钢筋、植筋	—	—	8	元/m²	20000	8.00	16.00
		模板	4400	m²	40	元/m²	20000	8.80	17.60
		混凝土构造柱	8000	m	16	元/m	20000	6.40	12.80
3	其他	文明施工费	—	—	3	元/m²	20000	3.00	6.00
		坏账及公关	—	—	2	元/m²	20000	2.00	4.00
4	成本合计							84.20	168.40
5	总承包价格：105 元/m² 建筑面积							105.00	210.00
6	总利润							41.60 万元	
7	利润率							19.81%	

案例3：208万元的ALC隔墙安装，能赚多少钱？

某建筑公司承包ALC隔墙安装工程，其中外墙与内墙面积比约为1:3。内外墙总面积约为3.2万m²。即外墙面积为0.8万m²，内墙面积为2.4万m²。承包价格：外墙80元/m²，内墙60元/m²。总价款：80 × 0.8 + 60 × 2.4 = 208（万元）。综合折合到面积成本为：208/3.2 = 65（元/m²）。

一、施工配置设计

ALC隔墙一般需要3个人配合施工，1~2人负责扶着板面，另外一个人负责ALC隔墙安装，加上挂网、补缝，单人单日产量为15m²左右。三人小组一天产量在45m²。单人日均工资为500~600元，折算到面积：600 × 3/45 = 40（元/m²）。

二、成本测算

1. 人工

一般人工按照两种方式，一种是按照工日计算费用，另一种是按照承包面积计算费用，如果按照面积计算，工人工作包括上料和挂网填缝，外墙 55 元/m²，内墙 40 元/m²。人工总费用：$55 \times 0.8 + 40 \times 2.4 = 140$（万元），综合面积成本：$140/3.2 = 43.75$（元/m²）。

2. 材料

辅材：

网格布 1.5 元/m²，费用为 $1.5 \times 3.2 = 4.8$（万元）。

U 形卡 3 元/m²，费用为 $3 \times 3.2 = 9.6$（万元）。

粘结砂浆 4 元/m²，费用为 $4 \times 3.2 = 12.8$（万元）。

材料成本合计：$4 + 1.5 + 3 = 8.5$（元/m²）。

3. 其他

公关及坏账：8 万元，折算到面积：$8/3.2 = 2.5$（元/m²）。

4. 费用小结

单位面积成本合计：$43.75 + 8.5 + 2.5 = 54.75$（元/m²）。

三、利润分析

单位面积利润：$65 - 54.75 = 10.25$（元/m²）。

总利润：$10.25 \times 32000 = 32.8$（万元）。

利润率：$(32.8/208) \times 100\% = 15.77\%$。

208 万元的 ALC 隔墙安装，能赚的钱数见下表。

208 万元的 ALC 隔墙安装，能赚多少钱

序号	项目		数量		单价		单位实施面积价格/(元/m²)	总费用/万元
			数量	单位	单价	单位		
1	人工	工人工资（内墙、外墙综合）	32000	m²	43.75	元/m²	43.75	140.00
2	材料	粘结砂浆	32000	m²	4	元/m²	4.00	12.80
		网格布	32000	m²	1.5	元/m²	1.50	4.80
		U 形卡	32000	m²	3	元/m²	3.00	9.60
3	其他	公关及坏账	32000	m²	2.5	元/m²	2.50	8.00
4	成本合计						54.75	175.20
5	总承包价格（外墙 80 元/m²，内墙 60 元/m²）						65.00	208.00
6	总利润						32.80 万元	
7	利润率						15.77%	

第八章　防水工程

案例 1：210 万元的 SBS 防水铺贴包工包料，能赚多少钱？

某建筑公司承包 SBS 防水铺贴工程，该项目为 2.8 万 m² 的车库基础防水，防水做法为 3 + 4SBS 防水卷材。承包价格为 75 元/m²。

一、施工配置设计

SBS 防水施工的劳务班组，施工效率因熟练程度不同有所不同，熟练工施工时，基础筏板大面及集水坑等平均单日能施工 80~100m²，日工资为 450~500 元。

二、成本测算（测算价格均含税）

1. 人工

工人承包防水工程一般按照平方米进行承揽，零星工程按照单日点工结算，按照平方米承包价格：防水工人 8 元/m²，带班 1 元/m²。

2. 材料

SBS 卷材：选用 20 元/m² 中等质量 SBS 卷材。两层成本则为 40 元/m²。考虑到搭接损耗 15% 及附加层 5%，成本为 40×1.2 = 48（元/m²）。

冷底油：0.5 元/m²。

煤气费：1 元/m²。

辅材费：扫帚、铲子、卷尺、线绳、喷枪、气瓶等，成本为 0.5 元/m²。

3. 其他

公关及坏账：按照 2 元/m² 考虑，即 2.8×2 = 5.6（万元）。

4. 小结

单位面积成本合计：8 + 1 + 48 + 0.5 + 1 + 0.5 + 2 = 61（元/m²）。

三、利润分析

单位面积利润：75 - 61 = 14(元/m²)。

总利润：14 × 28000 = 392000(元)。

利润率：(392000/2100000) × 100% = 18.67%。

四、利润波动点

1. 结构形式，制约着施工效率

不同的结构形式、构件结构，会影响工人的施工效率，如地下室筏板，因为有柱子和基坑，整体施工效率会较低，单平方米利润在 4~5 元，但顶板没有复杂结构"一马平川"，整体施工效率会大大增加，单平方米利润会上升到 8~10 元。

2. 提防卷材的品牌"以次充好"

防水卷材根据品牌不同，价格有很大差异，价格低的 8~9 元/m²，价格高的 23~25 元/m²，很多劳务单位首次施工时会按照要求品牌施工，但后续施工时，经常以次充好，以达到节省成本的目的。比较好的防控办法是要求材料进行抽样送检，或防水卷材直接甲供。

3. 施工时，分包单位"偷梁换柱"

SBS 卷材一般为两层施工，下层一般为隐蔽工程，上层施工完毕后，下层无法直接查看，很多防水分包单位，会降低下层的品质、搭接宽度等，由此节约造价。所以监理一定要随时对已完成工程进行验收，同时材料部要严格控制进场材料质量，避免出现分包单位偷梁换柱的情况，影响工程质量。

4. 地下室顶板防水结算时，上反高度的注意事项

（1）夯实顶板防水上反高度。常规工程地下室顶板的顶标高一般在 -1.8m 上下，上面回填覆土至 ±0.000，在车库顶板与主楼交接的地方，防水会设置到主楼墙上，并随着到 ±0.000，所以在计算时要重点关注防水的上反高度。

如果清单特征描述中明确了车库顶板上反高度和实际高度不符，一定要要求甲方重新组定综合单价，这里要重点关注。

区分墙面防水和地面防水的界限：

一般规定楼（地）面防水反边高度 ≤300mm 时执行楼（地）面防水，反边高度 >300mm 时，立面工程量执行墙面防水相应定额子目。具体还需参考本地定额。

（2）地下室顶板上反梁。如果地下室顶板有上反梁，还需要注意上反梁防水做法，不要漏算梁侧边及顶面面积，相关做法查看图样。

5. 地下室外墙止水螺栓增加费和地上对拉螺栓堵眼费如何记取？

（1）有抗渗要求的混凝土墙体模板使用止水螺栓时，另执行止水螺栓增加费定额子目。

不同地区关于止水螺栓增加费记取方式不同。

如北京地区：止水螺栓增加费按照平方米记取。

河北地区：地下室外墙防水螺栓按照实际用量进行调整。

（2）地上墙体使用对拉螺栓，在对拉螺栓施工完毕后，需要增加对拉螺栓堵眼，此时需要明确此项内容是否包含在本地定额中，一般包含在面层抹灰项目当中。如果不包含，价格在 1~2 元/个。

6. 防水附加层、加强层需不需要单独计算？

（1）定额计价模式。需不需要单独计算还是要看当地地区定额的规定，有的地区该项费用已经包括在定额含量内，有的地区需要单独计算。所以大家在套价之前，要吃透本地定额。

（2）清单计价模式。在清单附注中明确"屋面防水搭接及附加层用量不另行计算，在综合单价中考虑。"因此此时防水附加层不再单独计算。

但有些施工单位会钻对规范理解的空子，在报价时采用策略报价，不报防水附加层，但实际结算时，增加防水附加层。为了避免争议产生，第一要熟读规范，第二建议在编制清单及控制价中，将此项描述进去，避免后期因为防水附加层产生扯皮，如描述"防水附加层、加强层，包括在防水综合单价中，发生时不再另行计算。"

210 万元的 SBS 防水铺贴包工包料，能赚的钱数见下表。

210 万元的 SBS 防水铺贴包工包料，能赚多少钱

序号	施工配置		数量		单价		单位实施面积价格/（元/m²）	总费用/元
			数量	单位	单价	单位		
1	人工	工人	28000	m²	8	元/m²	8.00	224000.00
		带班	28000	m²	1	元/m²	1.00	28000.00
2	材料	SBS 卷材	28000	m²	48	元/m²	48.00	1344000.00
		冷底油	28000	m²	0.5	元/m²	0.50	14000.00
		煤气	28000	m²	1	元/m²	1.00	28000.00
		辅材费	28000	m²	0.5	元/m²	0.50	14000.00
3	其他	公关及坏账	28000	m²	2	元/m²	2.00	56000.00
4	成本合计						61.00	1708000.00
5	总承包价格						75.00	2100000.00
6	总利润						392000.00 元	
7	利润率						18.67%	

案例2：73.8万元的1.5mm厚聚氨酯涂膜防水，包工包料能赚多少钱？

某建筑公司承包1.5mm厚聚氨酯涂膜防水，该工程为住宅展开面积1.8万m²的卫生间聚氨酯涂料防水，承包价格为41元/m²。

一、施工配置设计

卫生间聚氨酯涂膜防水，在涂料供应充足的情况下，单人单日能施工100～120m²，日工资为400～450元。

二、成本测算

1. 人工
劳务班组承包价格在12元/m²。

2. 材料
（1）防水材料。1个地面长2.5m宽2m的5m²的卫生间，墙面整体刷1.8m高，总涂料面积为 5 + (2.5 + 2) × 2 × 1.8 = 21.2(m²)。

以1.5mm厚聚氨酯涂料为例，1m²需要1.7kg聚氨酯涂料，1个卫生间共需要聚氨酯涂料21.2 × 1.7 = 36.04(kg)，市场采购价格11元/kg，总费用为396.44元，折算到单平方米成本为 396.44/21.2 = 18.7(元/m²)。

（2）辅助材料。堵漏材料、粘结粉、刷子等合计50元，折算到单平方米为 50/21.2 = 2.36(元/m²)。

材料总费用：18.7 + 2.36 = 21.06(元/m²)。

3. 其他
公关及坏账：按照2元/m²，总费用为 2 × 1.8 = 3.6(万元)。

4. 小结
单位面积成本合计：12 + 18.7 + 2.36 + 2.00 = 35.06(元/m²)。

三、利润分析

承包总价：18000 × 41 = 738000(元)。

总支出：(12 + 18.7 + 2.36 + 2.00) × 18000 = 631080(元)。

总利润为：738000 - 635080 = 106920（元）。

利润率：（631080/738000）×100% = 14.49%。

四、利润波动点

（1）清理地面、用堵漏材料对预留排水管根部进行加强处理等步骤建议做仔细，直接关系到后期防水质量。

（2）用粘结粉对墙面开槽、修补不平的地方进行补平时，在做防水前要把地面护角做好。

（3）卫生间防水如何定义上反高度？淋浴区墙面防水不小于1.8m，淋浴区域如何定义？

一般情况下，卫生间地面防水反边高度不小于100mm，直接在算量软件："装修—楼地面"定义上反高度即可。

但对于卫生间有淋浴的墙面防水高度不小于1800mm，应分析图样明确淋浴范围，在图样不明确的时候，提出图样答疑，避免后期因为范围产生争议，其次将防水卷边采用多变设置，把需要的地方设置上反1.8m即可。

73.8万元的1.5mm厚聚氨酯涂膜防水，包工包料能赚的钱数见下表。

73.8万元的1.5mm厚聚氨酯涂膜防水，包工包料能赚多少钱

序号	施工配置		数量		单价		单位实施面积价格/（元/m²）	总费用/万元
			数量	单位	单价	单位		
1	人工	工人	18000	m²	12	元/m²	12.00	21.60
2	材料	聚氨酯涂料	18000	m²	18.7	元/m²	18.70	33.66
		辅助材料	18000	m²	2.36	元/m²	2.36	4.25
3	其他	公关及坏账	18000	m²	2	元/m²	2.00	3.60
4	成本合计						35.06	63.11
5	总承包价格						41.00	73.80
6	总利润						10.69 万元	
7	利润率						14.49%	

第九章 保温工程

案例1：240万元的外墙保温包工包料，能赚多少钱？

某建筑公司承包了一项外墙保温工程，该工程为2栋总建筑面积为42500m²的住宅，保温面积系数按0.65考虑，保温粘贴面积约为2.8万m²，外保温做法为铺贴7.5cm厚的聚苯板，承包单价为86元/m²，包工包料、包吊篮费用。

一、人工配置

28000m²的保温粘贴面积，人工安排40个包工，50个点工，点工一天14h工资700元，总施工时间为60d。

二、成本测算

1. 人工

人工分为两种承包模式，常规的是按照包工考虑，即28元/m²，其余零星项目按照点工考虑，点工9h工资350元。

带班：按照1元/m²考虑。

2. 材料

保温板：7.5cm厚保温板加防火隔离带，采购价格为280元/m³，方量为28000×0.075 = 2100(m³)，考虑到存在损耗10%，实际方量为2100×1.1 = 2310(m³)，总费用为2310×280 = 646800(元)。折算到铺贴单价为646800/28000 = 23.1(元/m²)。

辅材：

砂浆：3元/m²，用量主要看一次结构的工程质量和保温板粘贴的平整度。

网格布：1.5元/m²。

胀钉：3.5元/m²。

吊篮：租金40元/d，2栋楼32台吊篮同时施工，工期为60d。费用为40×32×60 =

76800（元）。同时考虑吊篮维修检测费用 10000 元，总费用 86800 元。折算到面积成本为 86800/28000 = 3.1（元/m²）。

3. 其他

检测费：2 万元，成本：2/2.8 = 0.71（元/m²）。

公关及坏账：2 万元，成本：2/2.8 = 0.71（元/m²）。

4. 小结

单位成本合计：28 + 1 + 23.1 + 3 + 1.5 + 3.5 + 3.1 + 0.71 + 0.71 = 64.62（元/m²）。

三、利润分析

单位面积利润：86 - 64.62 = 21.38（元/m²）。

总利润：21.38 × 28000 = 59.86（万元）。

利润率：[598640/(86 × 28000)] × 100% = 24.86%。

240 万元的外墙保温包工包料，能赚的钱数见下表。

240 万元的外墙保温包工包料，能赚多少钱

序号	施工配置		数量		单价		单位实施面积价格/(元/m²)	总费用/万元
			数量	单位	单价	单位		
1	人工	工人	28000	m²	28	元/m²	28.00	78.40
		带班	28000	m²	1	元/m²	1.00	2.80
2	材料	保温板	2310	m³	280	元/m³	23.10	64.68
		砂浆	28000	m²	3	元/m²	3.00	8.40
		网格布	28000	m²	1.5	元/m²	1.50	4.20
		胀钉	28000	m²	3.5	元/m²	3.50	9.80
		吊篮	32	台	40	元/d	3.10	8.68
3	其他	公关及坏账	1	项	20000	元	0.71	2.00
		检测费	1	项	20000	元	0.71	2.00
4	成本合计						64.62	180.94
5	总承包价格：86 元/m²						86.00	240.80
6	总利润						59.86 万元	
7	利润率						24.86%	

案例 2：617 万元的 EPS 外墙保温包工包料，能赚多少钱？

某建筑公司承包了某住宅外墙保温工程，该住宅总建筑面积为 10 万 m²，保温面积系数为 0.65 考虑，保温粘贴面积约为 65000m²，外保温做法为 B1 级 EPS 石墨聚苯板，承包单价

为 95 元/m²（含税），包工包料、包吊篮费用。

一、人工配置

65000m² 的保温粘贴面积，人工安排 50 个包工，40 个点工，点工一天 14h 工资 700 元，总施工时间为 90d。

二、成本测算

1. 人工

人工费：30 元/m²。

2. 材料

B1 级 EPS 石墨聚苯板：现场采用 70mm 厚的石墨聚苯板，总使用面积为 65000m²，所需石墨聚苯板量为 0.07 × 65000 = 4550（m³）。现场施工损耗系数为 10%，则实际用量为 4550 × 1.1 = 5005（m³）。

目前保温材料市场价格根据地区不同有所差异，均价在 260 元/m³，则石墨聚苯板所需总价为 5005 × 260 = 130.13（万元），折算到保温面积单价为 130.13/6.5 = 20.02（元/m²）。

界面剂：价格约 10 元/kg，每平方米用量 0.2kg 左右，成本为 10 × 0.2 = 2（元/m²）。

粘结砂浆：每平方米用量 5kg 左右，600 元/t，1kg 0.6 元。成本为 0.6 × 5 = 3（元/m²）。

胀钉：国标保温钉 0.1 元/个，每平方米需要约 8 个，成本：0.1 × 8 = 0.8（元/m²）。

网格布：外墙采用 130g 网格布，市场在 110 元/卷，一卷 90m² 左右，价格为 110/90 = 1.22（元/m²），考虑到损耗定为 1.4 元/m²，需要做两道，成本：2.8 元/m²。

抗裂砂浆：每平方米用量 4kg 左右，700 元/t，1kg 0.7 元，成本：4 × 0.7 = 2.8（元/m²）。抹两次，则为 5.6 元/m²。

金属托架：3 元/个，0.3 元/m²。

吊篮：租金 40 元/d，工期为 90d，需要吊篮 60 台。总费用为 40 × 90 × 60 = 216000（元），算上吊篮的运费、安装费、检测费 8 万元，合计 296000 元。折合到面积：296000/65000 = 4.55（元/m²）。

3. 其他

公关及坏账：按照 2 元/m² 考虑。

4. 小结

单位成本合计：30 + 20.02 + 2 + 3 + 0.8 + 2.8 + 5.6 + 0.3 + 4.55 + 2 = 71.07（元/m²）。

三、利润分析

单位面积利润：95 - 71.07 = 23.93（元/m²）。

总利润：$23.93 \times 65000 = 155.55$（万元）。

利润率：$(155.55/617.5) \times 100\% = 25.19\%$。

四、利润波动点

1. 材料质量的控制

一般第一批次进场时，材料的品质、容重等都符合要求，但后续进场的材料要重点审核，尤其是材料的容重、厚度，每平方米的胀钉数量。很多施工单位通过降低材料品质来提高利润，所以在后续材料进场时也要及时抽样检测，避免出现以此充好的情况。

2. 地下车库顶面做喷涂保温时，哪部分造价容易漏算?

在地下车库做顶面保温时，很多造价人员的常规思路是计算屋顶板面积即可，但是如果有现场经验的会知道，除了屋面顶板，还有梁侧边也是要做保温喷涂的，梁侧的内容一定要引起关注。

617 万元的 EPS 外墙保温包工包料，能赚的钱数见下表。

617 万元的 EPS 外墙保温包工包料，能赚多少钱

序号	施工配置		数量		单价		单位面积成本/(元/m²)	总费用/万元
			数量	单位	单价	单位		
1	人工	工人	65000	m²	30	元/m²	30.00	195.00
2	材料	EPS 石墨聚苯板	5005	m³	260	元/m³	20.02	130.13
		界面剂	65000	m²	10	元/kg	2.00	13.00
		粘结砂浆	65000	m²	600	元/t	3.00	19.50
		胀钉	65000	m²	0.1	元/个	0.80	5.20
		网格布	65000	m²	110	元/卷	2.80	18.20
		抗裂砂浆	65000	m²	700	元/t	5.60	36.40
		金属托架	65000	m²	3	元/个	0.30	1.95
		吊篮（运费、维修一起）	60	台	40	元/d	4.55	29.60
3	其他	公关及坏账	65000	m²	2	元/m²	2.00	13.00
4	成本合计						71.07	461.95
5	总承包价格：95 元/m²						95.00	617.50
6	总利润						155.55 万元	
7	利润率						25.19%	

第十章 门窗工程

案例1：811万元的断桥铝窗制作安装工程，能赚多少钱？

某建筑公司承包某住宅断桥铝窗制作安装工程，该住宅总建筑面积为6万 m²，窗的面积系数按照0.22考虑，窗的实际施工面积为60000×0.22 = 13200(m²)，窗为断桥铝合金窗，承包单价为615元/m²，包工包料。

一、人工配置

现场安装窗需要两个人配合施工，一般是师傅和徒弟配合，师傅负责安装窗框，徒弟负责打玻璃胶、发泡胶等。一天能施工8~10m²。

人工安装费分为包工和点工两种模式，工装包工价格在50元/m²左右（分工装和家装，家装工价相对较高，为80~100元/m²），点工目前的市场价格400~500元/d。

二、成本测算（测算价格均含税）

1. 人工

制作加工费：35元/m²；安装费：包括上料、安装等50元/m²，人工制作安装费合计35 + 50 = 85(元/m²)。

2. 材料

型材：以65系列断桥铝为例，厚度1.4mm的，如果3m²包括一个开启扇，1m²用铝材重量为7kg，目前铝材市场价格在28元/kg，铝材价格为：7×28 = 196(元/m²)。

玻璃：铝窗玻璃面积占洞口面积85%左右，使用5 + 12A + 5中空玻璃，费用约为120元/m²。

纱窗：60元/个，按照平方米系数考虑，35元/m²。

五金配件：包括合页、把手、滑撑等按照25元/m²考虑。

辅材：包括玻璃胶、发泡胶、密封胶条等 30 元/m²。

材料成本合计：$196 + 120 + 35 + 25 + 30 = 406$（元/m²）。

3. 其他

包装及运输费：费用约 4 万元，成本为 $4/1.32 = 3.03$（元/m²）。

检测费：费用约 3 万，成本为 $3/1.32 = 2.27$（元/m²）。

公关及坏账：按照 5 元/m² 考虑。

其他费用合计：$3.03 + 2.27 + 5 = 10.3$（元/m²）。

4. 小结

以上成本合计：$85 + 406 + 10.3 = 501.3$（元/m²）。

三、利润分析

单位面积利润为 $615 - 501.3 = 113.7$（元/m²）。

总利润为 $113.7 \times 13200 = 150.08$（万元）。

利润率为 $(150.08/811.8) \times 100\% = 18.49\%$。

四、利润波动点

1. 铝材市场波动，影响材料成本价格

铝材市场经常存在价格波动情况，如签订合同时，是铝材市场价格的平稳期，但实际加工时，遭遇铝材价格上涨，由此会蒙受损失，比较好的规避方案是，在合同签订中约定材料涨幅风险调差办法，如遇到材料上涨超过 5% 时，需要进行材料调差。

2. 配件质量，制约着材料单价

对于配件五金品牌，一般不做约定，但五金配件直接关系到窗户的使用年限，价格差别也较大。

3. 材料检测并非普通检测

对于门窗的检测做的是五性检测，比普通三性检测多了保温和隔热性能。所以此时要重点关注检测费用。

4. 门窗后塞口是什么？水泥砂浆后塞口和填充剂后塞口分别用在什么地方？计价时，门窗一定要有后塞口清单项吗？

1）后塞口是指在墙砌好后再安装门框，因为洞口的宽度应比门框宽 20～30mm，高度比门框高 10～20mm，所以需要用水泥砂浆或者填充剂将门窗缝隙填满。

2）水泥砂浆后塞口常用于木门窗框与结构墙之间填缝，在门窗框安装完毕后封堵；填充剂填塞后，塞口常用于塑料门窗框或铝合金门窗框与结构墙之间填缝。二者的主要区别就是使用的材料不同，起的作用是一致的，无论用哪种材料都应该起到密闭和防水功能。

3）是否套用门窗后塞口，因各地定额规定有很大的不用，在施工角度来说，门窗后塞口必定存在，但是在计价中，后塞口是否含在门窗制作安装中，存在很大争议，如北京地区直接给出了门窗后塞口的定额子目，发生时可以直接套用，但是河北地区门窗后塞口这项便含在了门窗中，不再单独记取。具体计算方式，要在分析本地定额计算规则后灵活调整。

811 万元的断桥铝窗制作安装工程，能赚的钱数见下表。

811 万元的断桥铝窗制作安装工程，能赚多少钱

序号	施工配置		数量		单价		单位面积成本/(元/m²)	总费用/万元
			数量	单位	单价	单位		
1	人工	制作加工	13200	m²（实施面积）	35	元/m²	35.00	46.20
		安装费	13200	m²（实施面积）	50	元/m²	50.00	66.00
2	材料	型材	13200	m²（实施面积）	196	元/m²	196.00	258.72
		玻璃	13200	m²（实施面积）	120	元/m²	120.00	158.40
		纱窗	13200	m²（实施面积）	35	元/m²	35.00	46.20
		五金配件	13200	m²（实施面积）	25	元/m²	25.00	33.00
		辅材	13200	m²（实施面积）	30	元/m²	30.00	39.60
3	其他	包装及运输费	13200	m²（实施面积）	3.03	元/m²	3.03	4.00
		检测费	13200	m²（实施面积）	2.27	元/m²	2.27	3.00
		公关及坏账	13200	m²（实施面积）	5	元/m²	5.00	6.60
4	成本合计						501.30	661.72
5	总承包价格：615 元/m²						615	811.80
6	总利润						150.08 万元	
7	利润率						18.49%	

案例 2：818 万元的 70 铝合金窗制作安装工程，能赚多少钱？

某建筑公司承包某住宅断桥铝窗制作安装工程，该住宅总建筑面积为 6 万 m²，窗的面积系数按照 0.22 考虑，窗的实际施工面积为 60000×0.22＝13200（m²），窗为普通铝合金窗，承包单价为 620 元/m²，包工包料。

一、人工配置

现场安装窗需要两个人配合施工，一般是师傅和徒弟配合，师傅负责安装窗框，徒弟负责打玻璃胶、发泡胶等。一天能施工 8~10m²。

人工安装费分为包工和点工两种模式，工装包工价格在 50 元/m² 左右（分工装和家装，家装工价相对较高，为 80 ~ 100 元/m²），点工目前的市场价格 400 ~ 500 元/d。

二、成本测算

1. 人工

窗户制作：28 元/m²

窗户安装：包括上料、安装等 50 元/m²。

人工费合计 28 + 50 = 78（元/m²）。

2. 材料

主材：70 系列普通铝合金，价格约为 240 元/m²。

玻璃：6 + 12A + 6 的单面镀膜钢化中空玻璃，150 元/m²。

安装窗框所需材料：

镀锌铁脚即固定件 7 元/m²。

发泡剂（发泡胶）10 元/m²。

射钉枪、射钉 5 元/m²。

安装玻璃所需材料：

耐候密封胶 4 元/m²。

安装窗扇所需材料：

主要包括一些五金配件，如把手、拨叉、连杆、滑撑、限位撑等，9 元/m²；密封条 4 元/m²。

材料单位成本合计：240 + 150 + 7 + 10 + 5 + 4 + 9 + 4 = 429（元/m²）。

三、其他

包装及运输费：费用为 4 万元，折合到面积单价 4/1.32 = 3.03（元/m²）。

检测费：如五性试验，费用为 3 万元，折合到面积单价 3/1.32 = 2.27（元/m²）。

公关及坏账：费用约 10 万元，折合到面积单价 10/1.32 = 7.58（元/m²）。

其他费用合计：3.03 + 2.27 + 7.58 = 12.88（元/m²）。

单位面积成本合计：78 + 429 + 12.88 = 519.88（元/m²）。

四、利润分析

单位面积利润：620 − 519.88 = 100.12（元/m²）。

总利润：100.12 × 13200 = 132.16（万元）。

利润率：（132.16/818.4）×100% = 16.15%。

818 万元的 70 铝合金窗制作安装工程，能赚的钱数见下表。

818 万元的 70 铝合金窗制作安装工程，能赚多少钱

序号	项目		数量		单价		单位面积成本/（元/m²）	总费用/万元
			数量	单位	单价	单位		
1	人工	窗户制作	13200	m²（实施面积）	28	元/m²	28.00	36.96
		窗户安装	13200	m²（实施面积）	50	元/m²	50.00	66.00
2	材料	主材（70 系列断桥铝合金）	13200	m²（实施面积）	240	元/m²	240.00	316.80
		玻璃（5+12A+5 中空玻璃）	13200	m²（实施面积）	150	元/m²	150.00	198.00
		镀锌铁脚	13200	m²（实施面积）	7	元/m²	7.00	9.24
		发泡剂	13200	m²（实施面积）	10	元/m²	10.00	13.20
		射钉枪、射钉	13200	m²（实施面积）	5	元/m²	5.00	6.60
		耐候密封胶	13200	m²（实施面积）	4	元/m²	4.00	5.28
		五金配件	13200	m²（实施面积）	9	元/m²	9.00	11.88
		密封条	13200	m²（实施面积）	4	元/m²	4.00	5.28
3	其他	包装及运输费	13200	m²（实施面积）	40000	项	3.03	4.00
		检测费	13200	m²（实施面积）	30000	项	2.27	3.00
		公关及坏账	13200	m²（实施面积）	100000	项	7.58	10.00
4	成本合计						519.88	686.24
5	承包价格：620 元/m²						620.00	818.40
6	总利润						132.16 万元	
7	利润率						16.15%	

第十一章 油 工

案例1：清包115万元的室内抹灰工程，能赚多少钱？

某建筑公司承包某住宅室内抹灰工程，该住宅总建筑面积为3万 m²，抹灰面积系数按照2.2考虑，抹灰的实际施工面积为30000 × 2.2 = 66000(m²)，劳务承包单价为17.5 元/m²（含税）。

一、人工配置

抹灰的施工效率根据工人的熟练程度不同有所不同，平均单日抹灰面积在 40m² 左右。

二、成本测算

1. 人工

（1）抹灰：点工单价一般为400 元/d；包工有两种承包方式：一种扣除门窗洞口按净面积为10 元/m²，另一种不扣除门窗洞口为9 元/m²。统一按照不扣除门窗洞口测算口径考虑。

（2）工地带班和小工上料：按照1.5 元/m² 考虑。

（3）基层清理、甩浆、材料交接处挂网：按照1.2 元/m² 考虑。

（4）打灰饼：按照0.8 元/m² 考虑。

人工单位面积成本合计：9 + 1.5 + 1.2 + 0.8 = 12.5（元/m²）。

2. 机械

电动工具、机具：如电动斗车、电锤等费用约为 1 万元。折算到面积：1/6.6 = 0.15（元/m²）。

3. 文明施工费

清理垃圾：0.5 元/m²。

4. 其他

公关及坏账 5 万元，折算到面积 5/66000 = 0.76（元/m²）。

5. 小结

单位面积成本合计：$12.5 + 0.15 + 0.5 + 0.76 = 13.91$（元/m^2）。

三、利润分析

单位面积利润：$17.5 - 13.91 = 3.59$（元/m^2）。

总利润：$3.59 \times 66000 = 23.69$（万元）。

利润率：$(23.69/115.5) \times 100\% = 20.51\%$。

四、利润波动点

小项目、大利润、制约承包抹灰单价的因素

抹灰有很多小项目，稍不注意，就会影响承包利润，如承包内容是否包括阴阳角、护角、门窗洞口的后塞口，升降电梯库的收尾，后期空鼓开裂的维修，这都是会影响承包利润的要素，报价时应综合考虑。

清包115万元的室内抹灰工程，能赚的钱数见下表。

清包115万元的室内抹灰工程，能赚多少钱

序号	施工配置		数量		单价		单位面积成本/(元/m²)	总费用/万元
			数量	单位	单价	单位		
1	人工	抹灰工人	66000	m²（展开面积）	9	元/m²	9.00	59.40
		工地带班及小工上料	66000	m²（展开面积）	1.5	元/m²	1.50	9.90
		基层清理、甩浆、挂网	66000	m²（展开面积）	1.2	元/m²	1.20	7.92
		打灰饼	66000	m²（展开面积）	0.8	元/m²	0.80	5.28
2	机械	电动工具、机具	66000	m²（展开面积）	0.15	元/m²	0.15	1.00
3	文明施工费	清理垃圾	66000	m²（展开面积）	0.5	元/m²	0.50	3.30
4	其他	公关及坏账	1	项	50000	项	0.76	5.00
5	成本合计						13.91	91.81
6	承包价格：17.5 元/m²						17.50	115.50
7	总利润						23.69 万元	
8	利润率						20.51%	

案例 2：195 万元的腻子带乳胶漆包工包料，能赚多少钱？

某建筑公司承包某住宅室内粉刷石膏找平、腻子 2 遍、乳胶漆 2 遍工程，该住宅总建筑面积为 3 万 m^2，粉刷石膏找平、腻子、乳胶漆面积系数按照 2.6 考虑（比抹灰高 0.4 的原因是顶棚和柱子是不抹灰的，但要做涂料），粉刷石膏找平、腻子、乳胶漆的实际施工面积为 $30000 \times 2.6 = 78000 (m^2)$，劳务承包单价为 25 元/$m^2$（含税），包工包料。

一、施工配置设计

油工的施工效率根据工人的熟练程度不同有所不同，平均单日刮腻子面积在 $130 m^2$ 左右。如果腻子做得平整，单日刷乳胶漆在 $220 m^2$ 左右。

二、成本测算

1. 人工

头遍腻子价格在 4 元/m^2 左右，考虑头遍腻子需要基层找平，比较费工，第二遍按照 3 元/m^2 考虑，两遍合计 7 元/m^2；两遍乳胶漆包括打磨、底漆、面涂价格在 5 元/m^2，人工包工价格在 $7 + 5 = 12 (元/m^2)$。

2. 材料

（1）腻子。

头遍腻子：腻子粉的采购价格为 800 元/t，头遍腻子因为需要基层找平，所以比较费材料，$1 m^2$ 需要消耗 2kg，则头遍腻子的价格为 $800/1000 \times 2 = 1.6 (元/m^2)$。

二遍腻子：$1 m^2$ 需要消耗 1kg，二遍腻子价格为 $800/1000 \times 1 = 0.8 (元/m^2)$。

（2）乳胶漆。

乳胶漆：17kg/桶的乳胶漆每桶 190 元，两遍漆的消耗量是 $0.3 kg/m^2$，则乳胶漆的费用为 $190/17 \times 0.3 = 3.35 (元/m^2)$。

（3）砂纸、阳角线、纸胶带等。

按照 1 元/m^2 考虑。

材料单位面积成本合计为：$1.6 + 0.8 + 3.35 + 1 = 6.75 (元/m^2)$。

3. 公关及坏账

公关及坏账：按照 1.5 元/m^2 考虑。

4. 小结

单位面积成本合计：$12 + 1.6 + 0.8 + 3.35 + 1 + 1.5 = 20.25 (元/m^2)$。

三、利润分析

单位面积利润：$25 - 20.25 = 4.75$（元/m^2）。

总利润：$4.75 \times 78000 = 37.05$（万元）。

利润率：（$37.05/195$）$\times 100\% = 19\%$。

195万元的腻子带乳胶漆包工包料，能赚的钱数见下表。

195万元的腻子带乳胶漆包工包料，能赚多少钱

序号	施工配置		数量		单价		单位面积成本/（元/m^2）	总费用/万元
			数量	单位	单价	单位		
1	人工	工人	78000	m^2（展开面积）	12	元/m^2	12.00	93.60
2	材料	头遍腻子	78000	m^2（展开面积）	1.6	元/m^2	1.60	12.48
		二遍腻子	78000	m^2（展开面积）	0.8	元/m^2	0.80	6.24
		乳胶漆	78000	m^2（展开面积）	3.35	元/m^2	3.35	26.13
		砂纸、阳角线、纸胶带	78000	m^2（展开面积）	1	元/m^2	1.00	7.80
3	其他	公关及坏账	78000	m^2（展开面积）	1.5	元/m^2	1.50	11.70
4	成本合计						20.25	157.95
5	承包价格：25元/m^2						25.00	195.00
6	总利润						37.05万元	
7	利润率						19.00%	

第十二章 瓦 工

案例：215万元瓦工贴地砖墙砖清工活，能赚多少钱？

某建筑公司承包某住宅室内贴砖（不含楼梯）工程，该住宅总建筑面积为3万 m^2，墙面、地面的瓷砖展开系数：墙砖0.6，地砖0.7，合计展开系数1.3，则3万 m^2 建筑面积，瓷砖实际施工面积为 $30000 \times 1.3 = 39000(m^2)$，劳务清包工价格为55元/$m^2$。

一、人工配置

瓦工的施工效率根据工人的熟练程度有所不同，$800mm \times 800mm$ 的地砖一天一人能贴 $60m^2$ 左右，墙砖一天一人能贴 $20m^2$ 左右。

二、成本测算

1. 人工

贴砖工人：墙砖 $300mm \times 300mm / 300mm \times 600mm$：40元/$m^2$；地砖 $800mm \times 800mm$：35元/m^2，含过门石、波导线。

墙砖与地砖的面积比约为2:3。则贴墙砖的面积为 $3.9 \times 2/5 = 1.56$（万 m^2），贴地砖的面积为 $3.9 \times 3/5 = 2.34$（万 m^2）。总费用为 $40 \times 1.56 + 35 \times 2.34 = 144.3$（万元），折算到单位面积成本为 $144.3/3.9 = 37$（元/m^2）。

带班及上料工人：包括墙砖、粘结剂、水泥、砂子等材料往楼上运输所需的人工。按照4元/m^2 考虑。

人工成本合计：$37 + 4 = 41$（元/m^2）。

2. 材料

填缝剂及卡子：按照1.5元/m^2 考虑。

成品保护：按照1元/m^2 考虑。

材料成本合计：$1.5 + 1 = 2.5$（元/m^2）。

3. 机械

电动工具摊销及损耗按照 0.5 元/m² 考虑。

4. 其他费用

清理垃圾：按照 1 元/m² 考虑。

公关及坏账：按照 1 元/m² 考虑。

5. 小结

单位面积成本合计：$41 + 2.5 + 0.5 + 1 + 1 = 46(元/m^2)$。

三、利润分析

单位面积利润：$55 - 46 = 9(元/m^2)$。

总利润：$9 \times 39000 = 35.1(万元)$。

利润率：$(35.1/214.5) \times 100\% = 16.36\%$。

四、利润波动点

不同承包范围影响着承包单价

在墙地砖铺贴中，过门石、踢脚板、波导线的价格和大面积铺贴是有所区别的，综合报价时要适当提高价格，其实上料、清理余料、卫生保洁、成品保护都会影响承包单价。要明确承包范围，避免出现单价不一致的情况。

215 万元瓦工贴地砖墙砖清工活，能赚的钱数见下表。

215 万元瓦工贴地砖墙砖清工活，能赚多少钱

序号	施工配置		数量		单价		单位面积成本/(元/m²)	总费用/万元
			数量	单位	单价	单位		
1	人工	贴砖工人	39000	m²（展开面积）	37	元/m²	37.00	144.30
		带班及上料工人	39000	m²（展开面积）	4	元/m²	4.00	15.60
2	材料	填缝剂及卡子	39000	m²（展开面积）	1.5	元/m²	1.50	5.85
		成品保护所需材料	39000	m²（展开面积）	1	元/m²	1.00	3.90
3	机械	电动工具	39000	m²（展开面积）	0.5	元/m²	0.50	1.95
4	其他	清理垃圾	39000	m²（展开面积）	1	元/m²	1.00	3.90
		公关及坏账	39000	m²（展开面积）	1	元/m²	1.00	3.90
5	成本合计						46.00	179.40
6	承包价格：55 元/m²						55.00	214.50
7	总利润						35.10 万元	
8	利润率						16.36%	

第十二章　瓦工

第十三章 措施项目

案例 1：110 万元购置两台塔式起重机，纯机械租赁，能赚多少钱？

购置两台 QTZ63（TC5610）（QTZ 表示自升式塔式起重机，63 表示公称起重力矩为 63t·m，5610 表示最大臂长 56m 最大吊重为 1t）的塔式起重机，出厂标配标准节 14 个，单个标准节在 2.8m 左右，租到工地去作业，会产生哪些费用？从中能获取多少利润？

一、购置费用

一台全新的 QTZ63（TC 5610）塔式起重机市场价约为 42 万元，考虑到其出厂标准节为 14 个，出场高度为 14 × 2.8 ≈ 40(m)，对于常见施工所需是不能满足的，例如 20 层住宅楼的建筑高度在 60m 左右，外加吊装所需空间，高度要求至少 70m，因此所需要的标准节约为 25 个。为此需另外购买 25 - 14 = 11 个标准节，标准节市场价约为 1 万元/个，另考虑附墙杆等杂费，按照 2 万元考虑。

购置机械费用为 42 + 11 × 1 + 2 = 55(万元)。

二、有效收入

一台塔式起重机放到市场上租赁月租金为 1.5 万元（仅含塔式起重机租赁，不含驾驶员、电费、升降等费用），塔式起重机租赁期一般随着工程的进展，确定租赁时间，年有效租赁时间为 8 ~ 10 个月，按照 9 个月考虑测算，单台租赁可获取收益约为 1.5 × 9 = 13.5(万元)。

三、成本及支出

1. 摊销成本

根据市场调研，该种类型塔式起重机使用年限约为 10 年，会出现较为严重的磨损，考虑到市场选择的因素，实际能够投入使用的时间约为 8 年。最终塔式起重机将进行报废处理，可获取收益 5 万元左右。综上单台均摊成本：(55 - 5)/8 = 6.25(万元/年)。

2. 维修保养

一般出租方会有一名专业的维修保养员，负责对全部租赁的塔式起重机进行维修，按照单台折算考虑，单台塔式起重机保养维修价格为 2 万元/年。

3. 检测费用

检测费用按照每年 2500 元/台考虑。

4. 其他费用

公关及坏账：按照每年 1 万元/台考虑。

注：塔式起重机的进出场安拆费及人工费由甲方承担，不另行计算。

四、利润分析

综上可得，单台塔式起重机一年的所需成本：$6.25 + 2 + 0.25 + 1 = 9.5$（万元）。

单台年利润：$13.5 - 9.5 = 4$（万元）。

双台年利润：$4 \times 2 = 8$（万元）。

五、利润波动点

1. 钱要拿到手

工地上的钱最难拿，最难要。为了避免遇到烂尾楼，租赁前要做好风险评估，进行风险预判，谨慎抉择。

2. 找到长期伙伴，避免中途搁置

租赁方最不愿意看到的现象是有塔式起重机在却没地方用，做好生意伙伴的维护，保持好长期合作关系，避免中途机械搁置。

110 万元购置两台塔式起重机，纯机械租赁，能赚的钱数见下表。

110 万元购置两台塔式起重机，纯机械租赁，能赚多少钱

序号	施工配置		数量		单价		时间		总价/万元
			数量	单位	单价	单位	时间	单位	
1	机械	购置成本	2	台	55	万元/台	—	—	110.00
		年折旧费用	使用年限为 8 年，折旧终值为 5 万元						12.50
2	人工	维修	2	台	2	万元/台	1	年	4.00
3	其他费用	检测	2	台	0.25	万元/年	1	年	0.50
		公关及坏账	2	台	1	万元/台	1	年	2.00
4	两台总收入 单台租金13.5 万元/年								27.00
5	两台总成本								19.00
6	两台总利润								8.00
7	利润率								29.63%

案例 2：租一台塔式起重机的使用成本是多少？

某建筑公司为某住宅工程租赁塔式起重机，该住宅为 20 层的高层住宅楼，塔式起重机的实际高度在 70m 左右，工期 6 个月，塔式起重机使用成本测算（测算价格均含税）如下：

一、人工

1. 塔式起重机驾驶员工资
塔式起重机驾驶员工资正常为 9000 ~ 10000 元/月，按照 9500 元/月考虑。
2. 信号工
一般需要 2 个信号工，按照 7000 元/月考虑。
人工每月产生费用合计：9500 + 7000 = 16500（元/月）。

二、机械

根据以上测算，一台塔式起重机放到市场上租赁月租金为 1.5 万元。

三、其他

1. 塔式起重机进出场及安拆费用
（1）塔式起重机进出场运费（进退按 2 次计算）。12m 车单次 900 元，进场及退场合计 2 × 900 = 1800（元/车）；9.6m 单次 750 元，进场及退场合计 2 × 750 = 1500（元/车）；附着 700 元/车，进场及退场合计 700 × 2 = 1400（元/车）。小计：4700 元/台。摊销到每月费用为 4700/6 = 783.33（元/月）。

（2）塔式起重机安拆费。塔式起重机安装 3500 元/次，顶升附着 1600 元/次，塔式起重机拆除 3500 元/次，拆除附着 1600 元/次。小计：10200 元/台。摊销到每月费用为 10200/6 = 1700（元/月）。

2. 塔式起重机检测费
如上文测算按照 2500 元/年考虑，单月为 208.33 元/月。

3. 电费
塔式起重机 1h 用电 45kW·h，电费 1.5 元/（kW·h），按照每月工作 30d，每天作业 8h：45 × 1.5 × 8 × 30 = 16200（元/月）。

4. 做塔式起重机基础
塔式起重机要根据每个项目基地的土质特性的不同，考虑是否要进行打桩，此项成本为

5～10万元，本案例取8万元进行计算。折合每月费用1.33万元/月。另外，如果是深基坑，同时需要打桩和格构柱的情况下，费用则更高。

5. 附墙

根据塔式起重机自身参数，TC5610需要设置至少三道附墙，有些工地为了安全起见还会多设置一道附墙，此处费用记为2500元。摊销到每月费用为416.67元/月。

其他项每月产生费用合计：

$783.33 + 1700 + 208.33 + 16200 + 13333.33 + 416.67 = 32641.66($元/月$)$。

四、费用合计

将上述发生月费用加总：$16500 + 15000 + 32641.33 = 64141.66($元/月$)$。

6个月工期产生的总的使用成本：$64141.66 \times 6 = 38.48($万元$)$。

一台TC5610塔式起重机的使用成本见下表。

一台TC5610塔式起重机的使用成本

序号	施工配置		数量		单价		时间		总价/元
			数量	单位	单价	单位	时间	单位	
1	人工	塔式起重机驾驶员	1	人	9500	元/月	6	月	57000.00
		信号工	2	人	7000	元/月	6	月	42000.00
2	机械	租赁	1	台	15000	元/月	6	月	90000.00
3	其他费用	进出场费用	2	次	783.33	元/月	6	月	4700.00
		安拆费用	2	次	1700	元/月	6	月	10200.00
		塔式起重机检测费	1	项	208.33	元/月	6	月	1250.00
		电费	45	kW·h/h	16200	元/月	6	月	97200.00
		做塔式起重机基础	1	项	13333.33	元/月	6	月	80000.00
		附墙	3	道	416.67	元/月	6	月	2500.00
4	费用合计								384850.00

案例3：120万元购置五台施工升降机租赁到工地，一年能赚多少钱？

购置五台三驱变频SC200施工升降机，每台均带60m高的标准节、拉墙杆等配件，租到工地去作业，会产生哪些费用？从中能获取多少利润？

一、购置费用

购买机械的费用约为 24 万元/台，总投资 120 万元即可购买五台该类型的施工升降机。

二、有效收入

一台施工升降机月租赁价格为 1.3 万元（不带驾驶员），考虑到工程衔接和施工间歇等因素，将一年的有效作业时间计算为 9 个月。则一台施工升降机一年可获得的收入为 $1.3 \times 9 = 11.7$(万元/年)。

三、成本及费用

1. 摊销成本

SC200 施工升降机规定的有效使用年限为 8 年，按照租 5 年计算，之后将其做报废处理，折旧残值约为 5 万元/台，那么一台升降机每年的摊销成本为：$(24 - 5)/5 = 3.8$(万元/年)。

2. 维修保养

需要一名工人对五台升降机进行维修保养，人工工资约为 8 万元/年。均摊到每台升降机的成本为 1.6 万元/台。

3. 安拆费

每年安拆一次，每台安拆一次需 3000 元。一台升降机安拆费用为 0.3 万元/年。

4. 检测费

一年检测一次，一台升降机每次检测的费用为 1500 元。一台升降机的检测费用为 0.15 万元/年。

5. 公关及坏账

公关及坏账每年需 2 万元。均摊到每台费用为 0.4 万元/台。

四、利润分析

1 台升降机一年获得的利润：$11.7 - 3.8 - 1.6 - 0.3 - 0.15 - 0.4 = 5.45$(万元/台)。

5 台升降机一年获得的利润：$5.45 \times 5 = 27.25$(万元)。

5 台升降机 5 年获得的利润含残值：$27.25 \times 5 + 5 \times 5 = 161.25$(万元)。

五、利润波动点

记取垂直运输之后还要记取超高费用吗?

首先区分两者的定义:

垂直运输:是材料及人员施工时向楼层运输的作业费用。

超高:是定额规则建筑檐高超过 20m 以后人工和机械的降效补偿增加费用。

所以两者不是重复的,定额子目都是独立记取的。

120 万元购置五台施工升降机租赁到工地,一年能赚的钱数见下表。

120 万元购置五台施工升降机租赁到工地,一年能赚多少钱

序号	施工配置		数量		单价		时间		总价/万元
			数量	单位	单价	单位	时间	单位	
1	机械	购置	5	台	24	万元/台	—	—	120.00
		年折旧费用	折旧时间为 5 年,折旧终值为 5 万元/台		3.8	万元/年	1	年	19.00
2	人工	维修	1	人	1.6	万元/年	1	年	8.00
3	其他	安拆	1	次/年	0.3	万元/年	1	年	1.50
		检测	1	次/年	0.15	万元/年	1	年	0.75
		公关及坏账	1	项	2	万元/年	1	年	2.00
4	五台年租金								58.50
5	五台升降机的一年总支出								31.25
6	五台升降机的一年总利润								27.25
7	利润率								46.58%

案例 4:3 万 m² 的外架,清包工能赚多少钱?

某建筑公司承包某建筑脚手架工程,该建筑面积为 2.8 万 m²,折算系数为 1.13,即需要 28000×1.13=31640(m²),底下设置 15 层落地式钢管脚手架,上面为 1 条悬挑脚手架,每一挑为 6 层。承包内容包括脚手架搭设、临边洞口及电梯井口的防护、脚手架及防护设施的拆除、码料和归置。承包价格为清包工 24 元/m²(投影面积)。

一、人工配置

脚手架搭设的施工效率为一个人一天能搭设外架 45m² 左右,一般工地搭设脚手架由

6~8个人组成一个班组同时进行作业，点工价格一天400元左右，包工一般在12元/m²。

脚手架拆除及码料，一个人一天能拆除130m²左右，需要2~3个人同时施工，点工价格一天在350~400元，包工一般4~5元/m²。

二、成本测算（测算价格均含税）

1. 人工

脚手架搭设：价格按照垂直投影面积，包工一般包括起架、剪刀、网片、材料吊装，在12元/m²。

脚手架拆除：包括脚手架拆除及码料，包工一般4元/m²。

刷漆、四口、五临边、楼梯扶手、电梯井、料台、带挑槽钢：3元/m²。

2. 机械

电动扳手、电动工具：0.5元/m²。

3. 其他

公关及坏账：按照1元/m²考虑。

成本小计：12 + 4 + 3 + 0.5 + 1 = 20.5（元/m²）。

三、利润分析

单位面积利润：24 – 20.5 = 3.5（元/m²）。

总利润：31640×3.5 = 110740（元）。

利润率：[110740/(31640×24)]×100% = 14.58%。

3万 m² 的外架，清包工能赚的钱数见下表。

3万 m² 的外架，清包工能赚多少钱

序号	施工配置		数量		单价		单位投影面积成本/（元/m²）	总价/万元
			数量	单位	单价	单位		
1	人工	脚手架搭设	31640	m²	12	元/m²	12.00	37.97
		脚手架拆除及码料	31640	m²	4	元/m²	4.00	12.66
		安全文明标准化	31640	m²	3	元/m²	3.00	9.49
2	机械	施工用机械	31640	m²	0.5	元/m²	0.50	1.58
3	其他	公关及坏账	31640	m²	1	元/m²	1.00	3.16
4	成本合计						20.50	64.86
5	承包总价24元/m²						24.00	75.94
6	总利润						11.07 万元	
7	利润率						14.58%	

案例5：3万 m² 的外架，包工包料能赚多少钱？

某建筑公司承包某建筑脚手架工程，该建筑面积为 2.8 万 m²，折算系数为 1.13，即需要 28000 × 1.13 = 31640（m²），底下设置 15 层落地式钢管脚手架，上面为 1 条悬挑脚手架，每一挑为 6 层。承包内容包括脚手架搭设、临边洞口及电梯井口的防护、脚手架及防护设施的拆除、码料和归置。包工包料 65 元/m²（投影面积）。

一、人工配置

测算思路，仅需在第十二章案例 5 测算基础上，增加材料即可。

脚手架搭设的施工效率为一个人一天能搭设外架 45m² 左右，一般工地搭设脚手架由 6 ~ 8 个人组成一个班组同时进行作业，点工价格一天 400 元左右，包工一般在 12 元/m²。

脚手架拆除及码料，一个人一天能拆除 130m² 左右，需要 2 ~ 3 个人同时施工，点工价格一天在 350 ~ 400 元，包工一般 4 ~ 5 元/m²。

二、成本测算（测算价格均含税）：

1. 人工
如第十二章案例 5 测算，人工劳务成本价格在 20.5 元/m²。

2. 材料
（1）钢管（投影面积）。双排脚手架每平方米用钢管 5m，租赁费用为 0.015 元/（d·m）；每米钢管用扣件 1 个，扣件租赁费用为 0.008 元/（个·d）；2.5kg 的阻燃安全网 25 元/张，挡脚板 3.5 元/m，网片、扎丝、油漆，所有加起来 8 元/m²。工期 6 个月，则：

钢管：5 × 0.015 × 30 × 6 = 13.5（元/m²）。

扣件：1 × 5 × 0.008 × 30 × 6 = 7.2（元/m²）。

安全网、挡脚板、网片、扎丝等：8 元/m²。

（2）其他。考虑材料损耗、丢失及运费 5 元/m²。

合计 13.5 + 7.2 + 8 + 5 = 33.7（元/m²）。

3. 其他
公关及坏账：按照 2 元/m² 考虑。

成本小计：20.5 + 33.7 + 2 = 56.2（元/m²）。

三、利润分析

单位面积利润：65 - 56.2 = 8.8（元/m²）。

总利润：31640 × 8.8 = 278432（元）。

利润率：[278432/（31640 × 65）] × 100% = 13.54%

四、利润波动点

1. 承包范围制约单价的构成

脚手架的承包范围是否包括刷漆、四口、五临边（8 ~ 9 元/m）、楼梯扶手、电梯井（30元/个）、料台（50 元/m²，提升 200 元/次）、带挑槽钢（100 元/条）、安全网（5 元/m²）等，这些内容会影响承包单价，在合同签订时要加以明确，避免后期结算时产生纠纷。

2. 现场钢管、扣件等材料的损耗及丢失

现场经常发生钢管、扣件的丢失，因为材料都是租赁周转使用，丢失需要进行赔偿，丢失 1m 钢管赔偿 10 元，丢失一个扣件需要赔偿 5 元。所以要重点控制现场，避免出现材料丢失的情况。

3 万 m² 的外架，包工包料能赚的钱数见下表。

3 万 m² 的外架，包工包料能赚多少钱

序号	施工配置		数量		单价		单位投影面积成本/（元/m²）	总价/万元
			数量	单位	单价	单位		
1	人工	脚手架搭设	31640	m²	12	元/m²	12.00	37.97
		脚手架拆除及码料	31640	m²	4	元/m²	4.00	12.66
		安全文明标准化	31640	m²	3	元/m²	3.00	9.49
2	材料	钢管	31640	m²	13.5	元/m²	13.50	42.71
		扣件	31640	m²	7.2	元/m²	7.20	22.78
		安全网、挡脚板、网片、扎丝	31640	m²	8	元/m²	8.00	25.31
		其他	31640	m²	5	元/m²	5.00	15.82
3	机械	施工用机械	31640	m²	0.5	元/m²	0.50	1.58
4	其他	公关及坏账	31640	m²	3	元/m²	3.00	9.49
5	成本合计						56.20	177.81
6	承包总价 65 元/m²						65.00	205.66
7	总利润						27.84 万元	
8	利润率						13.54%	

第二篇

总承包对劳务成本——总承包发包单价控制

　　本篇按照国内7大地理分区分别进行了询价，分别是东北（辽宁、吉林等）、华北（河北、北京等）、华中（河南、湖北等）、华东（江苏、山东等）、华南（广东、福建等）、西北（陕西、甘肃等）、西南（四川、云南等）。通过30轮询价，对劳务分包单价做了详细的全方位测算，供总承包单位在进行劳务分包时有数据参考和支持。

　　成本价格地区性波动较大，请大家根据测算思路和自身的项目情况，动态调整成本价格。

全国劳务分包单价体系 2024版

序号	项目类别	项目名称	清单名称	单位	工程量计算规则	项目特征	承包范围	单价/元（含税）						
								东北（辽宁、吉林等）	华北（河北、北京等）	华中（河南、湖北等）	华东（江苏、山东等）	华南（广东、福建等）	西北（陕西、甘肃等）	西南（四川、云南等）
一、土石方工程														
1	土石方工程	平整场地	平整场地（机械）	元/m²	按设计图示尺寸以投影面积计算	土方挖、填、找平等	人工+机械	1.7	1.8	1.8	1.9	2.4	1.7	1.7
2	土石方工程	平整场地	人工修整（基底300mm清槽）	元/m²	按设计图示尺寸以投影面积计算	基槽找平、修整边坡等	人工+机械	13	14	15	14	16	14	13
3	土石方工程	挖一般土方	挖沟槽土方（人工）	元/m³	按设计图示尺寸以天然密实体积计算	打钎、挖土、装车、修整底边、机械配合、场内运输等	人工+机械	34	37	39	43	49	39	39
4	土石方工程	挖淤泥、流沙	挖淤泥、流沙（人工）	元/m³	按设计图示尺寸以天然密实体积计算	挖淤泥、流沙等	人工+机械	44	47	51	53	59	50	50
5	土石方工程	挖一般土方	挖一般土方（机械）	元/m³	按设计图示尺寸以天然密实体积计算	打钎、挖土、装车、修整底边、机械配合、场内运输等	人工+机械	6	8	9	9	11	9	6
6	土石方工程	挖一般土方	机械挖和闸同土	元/m³	按设计图示尺寸以天然密实体积计算	挖土、人工配合清土、装车、运输等	人工+机械	12	13	14	13	18	12	14
7	土石方工程	挖淤泥、流沙	机械挖淤泥流沙	元/m³	按设计图示尺寸以天然密实体积计算	挖淤泥、流沙等	人工+机械	14	14	15	17	21	15	14
8	土石方工程	回填	基础回填、回填素土	元/m³	按设计图示尺寸以天然密实体积计算	材料取土、回填、洒水、夯实等	人工+机械	17	18	19	19	23	17	18

序号	项目			单位	工程量计算规则	工作内容	人工/机械							
9	土石方工程	回填	基础回填,灰土2:8/3:7	元/m³	按设计图示尺寸以天然密实体积计算	材料拌和、回填、洒水、夯实等	人工+机械	33	36	36	35	38	34	31
10	土石方工程	回填	基础回填,级配砂石	元/m³	按设计图示尺寸以天然密实体积计算	材料拌和、回填、洒水、夯实等	人工+机械	29	31	32	30	29	30	30
11	土石方工程	回填	场地回填、车库顶板回填素土	元/m³	按设计图示尺寸以天然密实体积计算	材料回填、洒水、夯实等	人工+机械	6	6	6	8	8	8	6
12	土石方工程	运输	人工倒运土方	元/m³	按设计图示尺寸以天然密实体积计算	铲土、装车、运输、卸车等	人工+机械	23	25	26	27	34	25	25
13	土石方工程	运输	机械场内倒运土方(运距5km以内)	元/m³	按设计图示尺寸以天然密实体积计算	铲土、装车、运输、卸车等	人工+机械	15	15	16	17	21	14	18
二、地基处理与边坡支护工程														
14	地基处理与边坡支护	地基处理	强夯地基,夯击遍数五遍,击击能1000kN·m以内	元/m²	按设计图示强夯处理范围面积以m²计算	机具准备、按设计示锤位线、求布置锤位移、夯击、施工场地平整、资料记载	人工+机械 8个夯点/100m²	8	10	11	12	14	11	11
15	地基处理与边坡支护	地基处理	强夯地基,夯击遍数五遍,击能2000kN·m以内	元/m²	按设计图示强夯处理范围面积以m²计算	机具准备、按设计示锤位线、求布置锤位移、夯击、施工场地平整、资料记载	人工+机械 8个夯点/100m²	9	10	12	13	16	12	12
16	地基处理与边坡支护	地基处理	强夯地基,夯击遍数五遍,击能3000kN·m以内	元/m²	按设计图示强夯处理范围面积以m²计算	机具准备、按设计示锤位线、求布置锤位移、夯击、施工场地平整、资料记载	人工+机械 8个夯点/100m²	12	13	14	15	18	14	14

（续）

序号	项目类别	项目名称	清单名称	单位	工程量计算规则	项目特征	承包范围	单价/元（含税）						
								东北（辽宁、吉林等）	华北（河北、北京等）	华中（河南、湖北等）	华东（江苏、山东等）	华南（广东、福建等）	西北（陕西、甘肃等）	西南（四川、云南等）
17	地基处理与边坡支护	地基处理	强夯地基，夯击遍数五遍，夯击能4000kN·m以内	元/m²	按设计图示强夯处理范围面积计算	机具准备、按设计要求布置锤位移、夯击、求锤位移、夯锤位移、施工场地平整、资料记载	人工+机械 8个夯点/100m²	16	19	18	19	23	18	17
18	地基处理与边坡支护	地基处理	强夯地基，夯击遍数五遍，夯击能5000kN·m以内	元/m²	按设计图示强夯处理范围面积计算	机具准备、按设计要求布置锤位移、夯击、求锤位移、夯锤位移、施工场地平整、资料记载	人工+机械 8个夯点/100m²	22	26	25	27	30	26	25
19	地基处理与边坡支护	地基处理	强夯地基，夯击遍数五遍，夯击能6000kN·m以内	元/m²	按设计图示强夯处理范围面积计算	机具准备、按设计要求布置锤位移、夯击、求锤位移、夯锤位移、施工场地平整、资料记载	人工+机械 8个夯点/100m²	25	29	28	30	34	29	28
20	地基处理与边坡支护	地基处理	强夯地基，夯击遍数五遍，夯击能8000kN·m以内	元/m²	按设计图示强夯处理范围面积计算	机具准备、按设计要求布置锤位移、夯击、求锤位移、夯锤位移、施工场地平整、资料记载	人工+机械 8个夯点/100m²	26	32	31	34	38	32	31

序号	分部	子项	项目名称	工程量计算规则	工作内容	单位	劳务用工方式							
21	地基处理与边坡支护	地基处理	强夯地基,夯击遍数五遍击能10000kN·m以内	按设计图示强夯处理范围以面积计算	机具准备、按设计置锤位线、夯击,夯锤位移、施工场地平整、资料记载	元/m²	人工+机械 8个劳点/100m²	33	41	39	42	47	40	39
22	地基处理与边坡支护	地基处理	强夯地基,夯击遍数五遍击能12000kN·m以内	按设计图示强夯处理范围以面积计算	机具准备、按设计置锤位线、夯击,夯锤位移、施工场地平整、资料记载	元/m²	人工+机械 8个劳点/100m²	42	48	45	48	52	47	44
23	地基处理与边坡支护	地基处理	单轴深层搅拌桩	按设计有效桩长以长度计算	桩机移动、就位、校测、钻进、制浆、输送、喷浆搅拌或喷粉搅拌,记录、挖排污沟、池	元/m	人工+机械	5	6	7	10	13	9	8
24	地基处理与边坡支护	地基处理	双轴深层搅拌桩	按设计有效桩长以长度计算	桩机移动、就位、校测、钻进、制浆、输送、喷浆搅拌或喷粉搅拌,记录、挖排污沟、池	元/m	人工+机械	12	13	14	16	19	15	14
25	地基处理与边坡支护	地基处理	三轴深层搅拌桩(两搅一喷)	按设计有效桩长以长度计算	桩机移动、就位、校测、钻进、制浆、输送、喷浆搅拌或喷粉搅拌,记录、挖排污沟、池	元/m	人工+机械	47	52	51	57	64	54	55
26	地基处理与边坡支护	地基处理	单重管高压旋喷桩	按设计有效桩长以长度计算	钻孔:泥浆槽开挖;定位、钻孔、泥浆护壁;喷浆:配置浆液、接管喷浆,提升成桩、泥浆沉淀处理、检测施工效果	元/m	人工+机械	28	34	34	36	40	36	34

（续）

序号	项目类别	项目名称	清单名称	单位	工程量计算规则	项目特征	承包范围	单价/元（含税）						
								东北（辽宁、吉林等）	华北（河北、北京等）	华中（河南、湖北等）	华东（江苏、山东等）	华南（广东、福建等）	西北（陕西、甘肃等）	西南（四川、云南等）
27	地基处理与边坡支护	地基处理	双管高压旋喷桩	元/m	按设计有效桩长以长度计算	钻孔：泥浆槽开挖、定位、钻孔；喷浆：配置浆液、接管喷浆、提升成桩、泥浆沉淀处理、检测施工效果	人工+机械	51	57	57	59	71	59	57
28	地基处理与边坡支护	地基处理	三管高压旋喷桩	元/m	按设计有效桩长以长度计算	钻孔：泥浆槽开挖、定位、钻孔；喷浆：配置浆液、接管喷浆、提升成桩、泥浆沉淀处理、检测施工效果	人工+机械	71	78	77	80	92	80	78
29	地基处理与边坡支护	基坑支护	地下连续墙	元/m³	按设计图示尺寸以体积计算	1.导墙挖填、制作、安装、拆除等。2.挖土成槽、固壁、清底置换等。3.混凝土灌注、养护等	人工+辅材+机械	638	688	668	730	779	688	730
30	地基处理与边坡支护	基坑支护	打、拔SMW工法桩（桩长12~15m）	元(m·次)	按实际使用长度及次数计算	准备打桩机具、移动打桩机及其轨道、吊桩定位、安卸桩帽、校正、打桩、系桩、拔桩、15m以内临时堆放	人工+机械	98	107	104	114	127	107	114

序号			项目名称	单位	计算规则	工作内容								
31	地基处理与边坡支护	基坑支护	SMW工法桩(租赁H型钢,桩长12~15m)	元/(t·d)	按现场实际租赁重量及天数计算	送货至施工现场,并经承租方验收合格	材料租赁费用	7	9	8	9	11	9	9
32	地基处理与边坡支护	基坑支护	SMW工法桩(型钢桩进出场)	元/t	按实际使用重量计算	型钢桩从租赁场地运卸至施工现场指定地点,进出场一次	人工+机械	66	71	69	75	81	71	75
33	地基处理与边坡支护	基坑支护	打、拔拉森钢板桩(桩长12~15m)	元/(t·次)	按实际使用次数计算	钢板桩安装、卸和运输,打钢板桩、拔桩,运桩、堆放、回程运输	人工+机械	441	465	452	476	497	465	476
34	地基处理与边坡支护	基坑支护	拉森钢板桩(租赁钢板桩,桩长12~15m)	元/(t·d)	按现场实际租赁重量(每天按24h计)计算	送货至施工现场,并经承租方验收合格	材料租赁费用	9	10	9	14	12	10	14
35	地基处理与边坡支护	基坑支护	拉森钢板桩(型钢桩进出场)	元/(t·次)	按实际使用次数计算	型钢桩从租赁场地运卸至施工现场指定地点,进出场一次	人工+机械	75	80	78	83	90	80	83
36	地基处理与边坡支护	基坑支护	钢板桩支撑安、拆	元/t	按设计图示支撑材料重量计算	钢板桩支撑制作、试拼、安装、拆除、堆放、回程运输	人工+机械	803	838	814	849	871	838	849
37	地基处理与边坡支护	基坑支护	土层锚杆机械钻孔,注浆孔径≤100mm	元/m	按设计图示尺寸以锚杆长度计算	钻孔机具安、拆,钻孔、安、拔防护套管,搅拌灰浆、灌浆、浇捣端头锚固件保护混凝土	人工+机械	35	35	38	40	42	39	38
38	地基处理与边坡支护	基坑支护	土层锚杆机械钻孔,注浆孔径≤150mm	元/m	按设计图示尺寸以锚杆长度计算	钻孔机具安、拆,钻孔、安、拔防护套管,搅拌灰浆、灌浆、浇捣端头锚固件保护混凝土	人工+机械	39	39	42	44	47	43	42

（续）

序号	项目类别	项目名称	清单名称	单位	工程量计算规则	项目特征	承包范围	东北（辽宁、吉林等）	华北（河北、北京等）	华中（河南、湖北等）	华东（江苏、山东等）	华南（广东、福建等）	西北（陕西、甘肃等）	西南（四川、云南等）
								单价/元（含税）						
39	地基处理与边坡支护	基坑支护	钢筋锚杆（土钉）制作、安装	元/m	按设计图示尺寸以土钉长度计算	钢筋锚杆制作、安装。钢管锚杆制作、安装。围檩制作、安装、拆除	人工+机械	19	18	21	22	24	21	22
40	地基处理与边坡支护	基坑支护	喷射混凝土护坡厚100mm	元/m²	按设计图示尺寸以护坡展开面积计算	基层清理。喷射混凝土，收回弹料，找平面层、锚头制作、安装、张拉、锁定	人工+辅材	25	25	26	30	32	27	27
41	地基处理与边坡支护	基坑支护	混凝土冠梁、腰梁	元/m³	按设计图示尺寸以体积计算	混凝土浇筑、振捣、养护	人工+辅材	76	77	78	69	82	81	67
42	地基处理与边坡支护	基坑支护	混凝土冠梁、腰梁模板	元/m²	按与混凝土构件的接触面积计算	模板安拆	人工+辅材	46	49	47	49	52	49	50
43	地基处理与边坡支护	基坑支护	混凝土冠梁、腰梁模板钢筋制作安装	元/t	按设计图示以钢筋重量计算	钢筋领料、制作、钢筋绑扎、套筒连接、除锈等全过程	人工+辅材	756	854	819	908	1082	833	930
三、桩基工程														
44	桩基工程	灌注桩	旋挖钻机机钻孔（土孔），直径600mm以内	元/m	按设计图示有效桩长以长度计算	准备工作、装拆钻架、就位、移动、钻进、提钻、出渣、清孔、测量孔径、孔深等	人工+机械+辅材（钢套筒）	155	165	159	171	181	164	163

序号	工程类别	项目	项目描述	单位	工程量计算规则	工作内容	材料							
45	桩基工程	灌注桩	旋挖钻机钻孔（土孔），直径800mm以内	元/m	按设计图示有效桩长以长度计算	准备工作。装拆钻架，就位，移动，钻进，提钻，出渣，清孔，测量孔径，孔深等	人工＋机械＋辅材（钢套筒）	185	197	188	202	210	195	191
46	桩基工程	灌注桩	旋挖钻机钻孔（土孔），直径1000mm以内	元/m	按设计图示有效桩长以长度计算	准备工作。装拆钻架，就位，移动，钻进，提钻，出渣，清孔，测量孔径，孔深等	人工＋机械＋辅材（钢套筒）	200	212	203	217	225	210	201
47	桩基工程	灌注桩	旋挖钻机钻孔（土孔），直径1200mm以内	元/m	按设计图示有效桩长以长度计算	准备工作。装拆钻架，就位，移动，钻进，提钻，出渣，清孔，测量孔径，孔深等	人工＋机械＋辅材（钢套筒）	248	264	251	269	277	260	248
48	桩基工程	灌注桩	旋挖钻机钻孔（土孔），直径1500mm以内	元/m	按设计图示有效桩长以长度计算	准备工作。装拆钻架，就位，移动，钻进，提钻，出渣，清孔，测量孔径，孔深等	人工＋机械＋辅材（钢套筒）	330	349	333	355	375	344	311
49	桩基工程	灌注桩	长螺旋钻孔灌注，桩径≤0.4m	元/m	按设计图示有效桩长以长度计算	准备机具，移动桩机，桩位校测，钻孔；安放钢筋笼，搅拌和灌注混凝土；清理钻孔余土并运至现场150m内指定地点。孔口盖板	人工＋机械＋辅材	25	28	25	29	30	27	24
50	桩基工程	灌注桩	长螺旋钻孔灌注，桩径≤0.6m	元/m	按设计图示有效桩长以长度计算	准备机具，移动桩机，桩位校测，钻孔；安放钢筋笼，搅拌和灌注混凝土；清理钻孔余土并运至现场150m内指定地点。孔口盖板	人工＋机械＋辅材	69	78	69	80	85	75	64

（续）

序号	项目类别	项目名称	清单名称	单位	工程量计算规则	项目特征	承包范围	单价/元（含税）						
								东北（辽宁、吉林等）	华北（河北、北京等）	华中（河南、湖北等）	华东（江苏、山东等）	华南（广东、福建等）	西北（陕西、甘肃等）	西南（四川、云南等）
51	桩基工程	灌注桩	长螺旋钻孔成孔CFG桩（土）（桩径≤0.4m）	元/m	按设计图示有效桩长以长度计算	准备机具、移动桩机、桩位校测、钻孔；安放钢筋笼、搅拌和灌注混凝土；清理钻孔余土并运至现场150m内指定地点。孔口盖板	人工+机械	17	19	19	22	24	22	24
52	桩基工程	灌注桩	灌注桩、人工挖孔桩土方，桩径≤1000mm孔深≤15m	元/m³	按设计图示以成孔体积计算	挖土、乔土于孔口外5m以内，修整边底、桩孔内通风、照明	人工+辅材+小型机械	328	370	326	349	403	349	337
53	桩基工程	灌注桩	人工挖孔桩钢筋笼制作安装	元/t	按设计图示以钢筋重量计算	除锈、制作、运输、安装、焊接（绑扎）等	人工+辅材+小型机械	621	752	621	698	780	695	639
54	桩基工程	灌注桩	人工挖孔桩桩孔灌注混凝土	元/m³	按设计图示以成桩体积计算	混凝土浇筑、振捣、养护	人工+辅材+小型机械	43	51	43	48	58	48	44
55	桩基工程	预制混凝土桩	打预制钢筋混凝土方桩，桩长<12m	元/m	按设计图示有效桩长以长度计算	准备打桩机具、调向，移动打桩机轨道及轨道、桩定位、校正、打桩	人工+机械	23	25	23	24	29	24	25

序号	工程类别	项目	项目描述	单位	工程量计算规则	工作内容	组成							
56	桩基工程	预制混凝土桩	打预制钢筋混凝土方桩,桩长<18m	元/m	按设计图示有效桩长以长度计算	准备打桩机具,调向,移动打桩机及轨道,桩定位,校正,打桩	人工＋机械	27	29	27	28	34	28	29
57	桩基工程	预制混凝土桩	打预制钢筋混凝土方桩,桩长<30m	元/m	按设计图示有效桩长以长度计算	准备打桩机具,调向,移动打桩机及轨道,桩定位,校正,打桩	人工＋机械	29	31	29	30	36	30	30
58	桩基工程	预制混凝土桩	打预应力钢筋混凝土管桩(桩径)PHC≤400mm	元/m	按设计图示有效桩长以长度计算	准备打桩机具,探桩位,行走打桩机,吊装定位,安卸桩垫,校正,打桩	人工＋机械	23	25	23	24	29	24	25
59	桩基工程	预制混凝土桩	打预应力钢筋混凝土管桩(桩径)PHC≤500mm	元/m	按设计图示有效桩长以长度计算	准备打桩机具,探桩位,行走打桩机,吊装定位,安卸桩垫,校正,打桩	人工＋机械	25	27	25	26	31	26	27
60	桩基工程	预制混凝土桩	打预应力钢筋混凝土管桩(桩径)PHC≤600mm	元/m	按设计图示有效桩长以长度计算	准备打桩机具,探桩位,行走打桩机,吊装定位,安卸桩垫,校正,打桩	人工＋机械	32	36	32	35	41	35	34
61	桩基工程	预制混凝土桩	静力压预应力钢筋混凝土管桩PHC≤400mm	元/m	按设计图示有效桩长以长度计算	准备压桩机具,探桩位,行走压桩机,吊装定位,安卸桩垫,校正,压桩	人工＋机械	25	28	25	27	36	27	27
62	桩基工程	预制混凝土桩	静力压预应力钢筋混凝土管桩(桩径)PHC≤500mm	元/m	按设计图示有效桩长以长度计算	准备压桩机具,探桩位,行走压桩机,吊装定位,安卸桩垫,校正,压桩	人工＋机械	33	29	33	35	45	35	35

（续）

序号	项目类别	项目名称	清单名称	单位	工程量计算规则	项目特征	承包范围	单价/元（含税）						
								东北（辽宁、吉林等）	华北（河北、北京等）	华中（河南、湖北等）	华东（江苏、山东等）	华南（广东、福建等）	西北（陕西、甘肃等）	西南（四川、云南等）
63	桩基工程	预制混凝土桩	静力压预应力钢筋混凝土管桩（桩径）PHC≤600mm	元/m	按设计图示有效桩长以长度计算	准备压桩机具、探桩位、行走压桩机、定位、安卸桩垫、校正、压桩	人工＋机械	34	40	34	39	47	36	39
64	桩基工程	凿桩头	人工凿桩头-灌注混凝土桩（桩径500~800mm）	元/根	按照设计图示尺寸以数量计算	凿桩头：准备工具、画线、凿桩头混凝土、露出钢筋、清除碎碴、运出坑1m外	包工器具	137	145	137	143	160	143	143
65	桩基工程	凿桩头	人工凿桩头-灌注混凝土桩（桩径800~900mm）	元/根	按照设计图示尺寸以数量计算	凿桩头：准备工具、画线、凿桩头混凝土、露出钢筋、清除碎碴、运出坑1m外	包工器具	185	197	185	194	220	194	194
66	桩基工程	凿桩头	人工凿桩头-灌注混凝土桩（桩径1m）	元/根	按照设计图示尺寸以数量计算	凿桩头：准备工具、画线、凿桩头混凝土、露出钢筋、清除碎碴、运出坑1m外	包工器具	242	251	242	249	262	248	252
67	桩基工程	凿桩头	人工凿桩头-CFG桩桩头（桩径1m）	元/根	按照设计图示尺寸以数量计算	凿桩头：准备工具、画线、凿桩头混凝土、露出钢筋、清除碎碴、运出坑1m外	包工器具	20	23	20	23	25	22	22

序号	工程	项目	项目名称	计量单位	计算规则	工作内容	组价方式							
68	桩基工程	凿桩头	人工凿桩头预制桩（桩径300~800mm）	元/根	按照设计图示尺寸以数量计算	截断桩：准备工具、画线、砸破混凝土、断钢筋、混凝土块体运出坑外	包工器具	54	59	54	57	64	57	55
69	桩基工程	凿桩头	人工凿桩头预制桩（空心桩桩径300~800mm）	元/根	按设计图示尺寸以数量计算	截断桩：准备工具、画线、砸破混凝土、断钢筋、混凝土块体运出坑外	包工器具	54	59	54	57	64	57	55
70	桩基工程	凿桩头	人工凿桩头预制桩（实心桩桩径300~600mm）	元/根	按设计图示尺寸以数量计算	截断桩：准备工具、画线、砸破混凝土、断钢筋、混凝土块体运出坑外	包工器具	44	52	44	49	58	49	45
四、砌筑工程														
71	砌筑工程	砖砌体	砖基础/砖胎膜	元/m³	按设计图示尺寸以体积计算	清理基槽坑、调、运铺砂浆、砌砖	人工+辅材+小型工具	278	276	263	294	303	281	270
72	砌筑工程	砖砌体	混水砖墙实心砖	元/m³	按设计图示尺寸以体积计算	调、运、铺砂浆、运砌砖、安放实心砖、垫块	人工+辅材+小型工具	336	335	320	357	362	335	324
73	砌筑工程	砖砌体	多孔砖墙	元/m³	按设计图示尺寸以体积计算	调、运、铺砂浆、运砌砖、安放多孔砖、垫块	人工+辅材+小型工具	341	341	320	362	373	341	335
74	砌筑工程	砌块砌体	蒸压加气混凝土砌块外墙	元/m³	按设计图示尺寸以体积计算	运料、淋砌块、砂浆运输、砌筑块料、留洞、调洞	人工+辅材+小型工具	341	341	320	362	373	341	335

（续）

序号	项目类别	项目名称	清单名称	单位	工程量计算规则	项目特征	承包范围	单价/元（含税）						
								东北（辽宁、吉林等）	华北（河北、北京等）	华中（河南、湖北等）	华东（江苏、山东等）	华南（广东、福建等）	西北（陕西、甘肃等）	西南（四川、云南等）
75	砌筑工程	砌块砌体	轻骨料混凝土小型空心砌块墙	元/m³	按设计图示尺寸以体积计算	调、运、备砂浆、砌砖、安放空气砌块、垫块、二次结构灌芯等砌筑全过程	人工+辅材+小型工具	362	373	362	394	438	379	379
76	砌筑工程	砌块砌体	零星砌体	元/m³	按设计图示尺寸以体积计算	清理基槽坑、调、运、铺砂浆、砌砖	人工+辅材+小型工具	378	373	362	420	443	389	379
五、混凝土及钢筋混凝土工程														
77	混凝土及钢筋混凝土工程	混凝土工程	混凝土浇筑、基础地下室	元/m³	按设计图示尺寸以体积计算	混凝土浇筑、振捣、泵送、养护等	人工+辅材+小型工具	39	41	40	44	47	41	40
78	混凝土及钢筋混凝土工程	混凝土工程	混凝土浇筑、基础车库	元/m³	按设计图示尺寸以体积计算	混凝土浇筑、振捣、泵送、养护等	人工+辅材+小型工具	36	35	37	39	41	38	36
79	混凝土及钢筋混凝土工程	混凝土工程	混凝土浇筑、基础人防	元/m³	按设计图示尺寸以体积计算	混凝土浇筑、振捣、泵送、养护等	人工+辅材+小型工具	38	38	38	43	43	41	40
80	混凝土及钢筋混凝土工程	混凝土工程	混凝土浇筑、地上结构	元/m²	按设计图示尺寸以面积计算	混凝土浇筑、振捣、泵送、养护等	人工+辅材+小型工具	20	22	21	24	27	21	20

序号				单位	计算规则	工作内容	组成							
81	混凝土及钢筋混凝土工程	混凝土工程	混凝土浇筑，厂房基础	元/m²	按设计图示面积计算	混凝土浇筑，振捣，泵送、养护等	人工+辅材+小型工具	45	52	46	46	52	47	46
82	混凝土及钢筋混凝土工程	混凝土工程	混凝土浇筑，综合厂房	元/m²	按设计图示面积计算	混凝土浇筑，振捣、泵送、养护等	人工+辅材+小型工具	52	46	57	45	60	52	52
83	混凝土及钢筋混凝土工程	混凝土工程	道路硬化	元/m²	按设计图示道路投影面积计算	混凝土浇筑，振捣、养护等	人工+辅材+小型工具	19	22	24	19	27	22	19
84	混凝土及钢筋混凝土工程	混凝土二次结构	混凝土浇筑，圈梁、过梁、构造柱	元/m³	按设计图示尺寸以体积计算	混凝土浇筑，钢筋绑扎、模板制安拆等全过程	人工+材料+机械全费用	1040	1049	1082	1029	1157	1071	1049
85	混凝土及钢筋混凝土工程	混凝土二次结构	混凝土浇筑，反坎、止水坎	元/m³	按设计图示尺寸以体积计算	混凝土浇筑，钢筋绑扎、模板制安拆等全过程	人工+材料+机械全费用	840	952	966	893	1038	995	930
86	混凝土及钢筋混凝土工程	混凝土二次结构	混凝土浇筑，散水	元/m²	按设计图示尺寸投影面积计算	浇筑、振捣、养护，模板制安拆等全过程	人工+辅材+小型工具	14	16	19	16	19	16	17
87	混凝土及钢筋混凝土工程	混凝土二次结构	混凝土浇筑，坡道	元/m²	按设计图示尺寸投影面积计算	浇筑、振捣、养护，模板制安拆等全过程	人工+辅材+小型工具	23	32	32	32	32	24	24
88	混凝土及钢筋混凝土工程	混凝土二次结构	混凝土浇筑，台阶	元/m²	按设计图示尺寸投影面积计算	浇筑、振捣、养护，模板制安拆等全过程	人工+辅材+小型工具	11	11	13	11	15	11	11
89	混凝土及钢筋混凝土工程	零星项目及其他	对拉螺栓堵眼，含防水	元/个	按照设计图示尺寸以数量计算	清理木屑杂物及油渍，凿毛、钢丝冲洗、封堵，涂刷防水涂料等全过程	人工+封堵材料及防水材料	1.3	1.1	2.2	1.1	2.4	1.1	1.1

（续）

序号	项目类别	项目名称	清单名称	单位	工程量计算规则	项目特征	承包范围	单价/元（含税）						
								东北（辽宁、吉林 等）	华北（河北、北京 等）	华中（河南、湖北 等）	华东（江苏、山东 等）	华南（广东、福建 等）	西北（陕西、甘肃 等）	西南（四川、云南 等）
90	混凝土及钢筋混凝土工程	零星项目及其他	混凝土面剔凿修补	元/m²	按实际打磨面积计算	浇筑、养护、起模归堆等	人工+辅材+小型工具	58	63	58	70	74	59	63
91	混凝土及钢筋混凝土工程	零星项目及其他	成品通风道、烟道安装	元/m	按设计图示尺寸以长度计算	构件吊装、校正、螺栓固定、预埋铁件、搭设及拆除钢管支撑等	人工+辅材+小型工具	16	22	16	18	19	16	16
92	混凝土及钢筋混凝土工程	钢筋工程	混凝土构件安装、制作地下室	元/t	按设计图示尺寸以钢筋重量计算	制作、绑扎、安装，浇捣混凝土时钢筋维护	人工+辅材+小型工具	1134	1190	1113	1298	1384	1136	1190
93	混凝土及钢筋混凝土工程	钢筋工程	混凝土构件制作安装、基础车库	元/t	按设计图示尺寸以钢筋重量计算	制作、绑扎、安装，浇捣混凝土时钢筋维护	人工+辅材+小型工具	1071	1060	1008	1244	1319	1060	1082
94	混凝土及钢筋混凝土工程	钢筋工程	混凝土构件制作安装、基础人防	元/t	按设计图示尺寸以钢筋重量计算	制作、绑扎、安装，浇捣混凝土时钢筋维护	人工+辅材+小型工具	1155	1136	1103	1352	1406	1136	1190
95	混凝土及钢筋混凝土工程	钢筋工程	混凝土构件制作安装、地上结构	元/m²	按设计图示尺寸以建筑面积计算	制作、绑扎、安装，浇捣混凝土时钢筋维护	人工+辅材+小型工具	60	61	61	70	78	59	59
96	混凝土及钢筋混凝土工程	钢筋工程	混凝土构件制作安装、设备基础/独立基础	元/t	按设计图示尺寸以钢筋重量计算	制作、绑扎、安装，浇捣混凝土时钢筋维护	人工+辅材+小型工具	1103	1190	1176	1244	1330	1190	1082

序号	分部	分项	项目名称	单位	工程量计算规则	工作内容	组成							
97	混凝土及钢筋混凝土工程	钢筋工程	混凝土构件，制作安装，综合厂房	元/t	按设计图示尺寸以钢筋重量计算	制作、绑扎、安装、浇捣混凝土时钢筋维护	人工+辅材+小型工具	998	1060	1019	1244	1352	1027	1027
98	混凝土及钢筋混凝土工程	钢筋工程	钢筋，制作安装，钢筋网片	元/m²	按设计图示尺寸以投影面积计算	制作、绑扎、安装、浇捣混凝土时钢筋维护	人工+辅材+小型工具	4	5	5	6	7	6	5
99	混凝土及钢筋混凝土工程	钢筋工程	钢筋，制作安装，预埋件、锚筋锚板	元/t	按设计图示尺寸以钢筋重量计算	制作、绑扎、安装、浇捣混凝土时钢筋维护	人工+辅材+小型工具	1943	1947	2048	2271	2325	1947	2109
100	混凝土及钢筋混凝土工程	二次结构	植筋 φ6mm	元/根	按设计图示以实际施工数量计算	植筋胶植筋、测量、放线、定位、钻孔、清孔、植筋、固化	人工+辅材（含植筋胶）+小型工具	0.9	1.1	1.1	1.3	1.3	1.1	1.1
101	混凝土及钢筋混凝土工程	二次结构	植筋 φ8mm	元/根	按设计图示以实际施工数量计算	植筋胶植筋、测量、放线、定位、钻孔、清孔、植筋、固化	人工+辅材（含植筋胶）+小型工具	1.3	1.4	1.4	1.6	1.9	1.4	1.4
102	混凝土及钢筋混凝土工程	二次结构	植筋 φ10mm	元/根	按设计图示以实际施工数量计算	植筋胶植筋、测量、放线、定位、钻孔、清孔、植筋、固化	人工+辅材（含植筋胶）+小型工具	1.6	1.9	1.9	2.1	2.2	1.7	1.9
103	混凝土及钢筋混凝土工程	二次结构	植筋 φ12mm	元/根	按设计图示以实际施工数量计算	植筋胶植筋、测量、放线、定位、钻孔、清孔、植筋、固化	人工+辅材（含植筋胶）+小型工具	3.3	3.2	3.5	3.7	4.0	3.8	3.6
104	混凝土及钢筋混凝土工程	二次结构	植筋 φ14mm	元/根	按设计图示以实际施工数量计算	植筋胶植筋、测量、放线、定位、钻孔、清孔、植筋、固化	人工+辅材（含植筋胶）+小型工具	4.7	5.4	5.0	5.0	5.7	5.2	5.6
105	混凝土及钢筋混凝土工程	零星项目及其他	套筒直螺纹钢筋接头	元/个	按设计图示以实际施工数量计算	安装埋设、焊接固定、车丝、磨光、固定安装	人工+材料	8	9	8	9	10	9	8

（续）

序号	项目类别	清单名称	项目名称	单位	工程量计算规则	项目特征	承包范围	单价/元（含税）						
								东北（辽宁、吉林等）	华北（河北、北京等）	华中（河南、湖北等）	华东（江苏、山东等）	华南（广东、福建等）	西北（陕西、甘肃等）	西南（四川、云南等）
106	混凝土及钢筋混凝土工程	钢筋电渣压力焊	零星项目及其他	元/个	按设计图示以实际施工数量计算	竖向接长电渣压力焊，验收合格全过程	人工+辅材+小型工具	5	5	5	6	6	5	5
107	混凝土及钢筋混凝土工程	止水钢板安装（双面焊接）	零星项目及其他	元/m	按设计图示有效桩长以长度计算	1.清理基层，刷底胶，粘贴止水带。2.裁剪止水带，焊接铺设	人工+辅材+小型工具	12	11	16	15	16	16	12
六、金属结构工程														
108	金属结构工程	钢栏杆安装，型钢、楼梯栏杆	栏杆工程	元/m	按设计图示有效桩长以长度计算	构件加固，翻身就位，吊装校正，拧紧螺栓，焊接固定	包工包料	263	338	263	315	366	309	309
109	金属结构工程	钢栏杆安装，型钢、护窗栏杆	栏杆工程	元/m	按设计图示有效桩长以长度计算	构件加固，翻身就位，吊装校正，拧紧螺栓，焊接固定	包工包料	184	200	179	215	229	200	195
七、门窗工程														
110	门窗工程	铝合金、固定窗安装	金属窗	元/m²	按照实际尺寸，以框外边线计算	开箱、解捆、定位、画线、吊正、找平、安装、框周边塞缝等	人工+辅材+机械	58	61	55	60	66	58	62
111	门窗工程	隔热断桥铝合金、普通窗安装	金属窗	元/m²	按照实际尺寸，以框周边线计算	开箱、解捆、定位、画线、吊正、找平、安装、框周边塞缝等	人工+辅材+机械	60	63	57	62	68	61	64

序号	分部工程	分项	项目特征	单位	计算规则	工作内容	组成							
112	门窗工程	金属窗	塑钢成品窗安装	元/m²	按照实际尺寸，以框外边线计算	开箱、解捆、定位、画线、吊正、找平、安装、框周边塞缝等	人工+辅材+机械	58	61	55	60	66	58	62
113	门窗工程	金属窗	铝合金、百叶窗安装	元/m²	按照实际尺寸，以框外边线计算	开箱、解捆、定位、画线、吊正、找平、安装、框周边塞缝等	人工+辅材+机械	36	39	30	42	50	37	41
114	门窗工程	金属门	塑钢成品门安装	元/m²	按照实际尺寸，以框外边线计算	开箱、解捆、定位、画线、吊正、找平、安装、框周边塞缝等	人工+辅材+机械	48	51	45	50	56	49	52
115	门窗工程	金属门	隔热断桥铝合金门安装	元/m²	按照实际尺寸，以框外边线计算	开箱、解捆、定位、画线、吊正、找平、安装、框周边塞缝等	人工+辅材+机械	65	68	62	67	74	66	69
116	门窗工程	门窗套	成品1套，不锈钢门套	元/m²	按设计图示尺寸以展开面积计算	基层清理、定位、固定、安装面层等全过程	人工+辅材+机械	124	125	128	140	165	131	138
117	门窗工程	门窗套	成品1套，石材门套	元/m²	按设计图示尺寸以展开面积计算	基层清理、定位、固定、安装面层等全过程	人工+辅材+机械	171	171	176	187	224	178	187
118	门窗工程	窗台板	窗台板，面层石材	元/m²	按设计图示尺寸以面积计算	石材面层：调运砂浆、锯板磨边、镶贴石材等	人工+辅材+机械	97	97	100	114	129	103	105
八、屋面及防水工程														
119	屋面及防水工程	屋面工程	屋面找平层/保护层，水泥砂浆、细石混凝土、轻质材料	元/m²	按设计图示尺寸以面积计算	清理基层、调制砂浆、抹灰养护	人工+辅材+小型工具	16	17	17	20	19	17	17
120	屋面及防水工程	屋面工程	屋面贴砖	元/m²	按设计图示尺寸以面积计算	基层清理、砂浆运输、面层浸水铺贴、成品保护、清理等全过程	人工+辅材+小型工具	40	43	42	44	45	41	39

（续）

序号	项目类别	项目名称	清单名称	单位	工程量计算规则	项目特征	承包范围	东北（辽宁、吉林等）	华北（河北、北京等）	华中（河南、湖北等）	华东（江苏、山东等）	华南（广东、福建等）	西北（陕西、甘肃等）	西南（四川、云南等）
								单价/元（含税）						
121	屋面及防水工程	屋面工程	屋面挂瓦、陶瓦、水泥瓦	元/m²	按设计图示尺寸以投影面积计算	切割，铺瓦	人工+辅材+小型工具	40	35	40	40	45	38	41
122	屋面及防水工程	卷材防水	单层APP改性沥青防水卷材（热熔条铺、点铺法）	元/m²	按设计图示尺寸以实际面积计算，包括附加层及搭接	1.清理基层、涂刷基层处理剂。2.铺贴卷材及附加层。3.封口、收头、钉压条	包工包料	33	35	32	32	36	35	34
123	屋面及防水工程	卷材防水	双层APP改性沥青防水卷材（热熔条铺、点铺法）	元/m²	按设计图示尺寸以实际面积计算，包括附加层及搭接	1.清理基层、涂刷基层处理剂。2.铺贴卷材及附加层。3.封口、收头、钉压条	包工包料	37	39	36	37	40	39	39
124	屋面及防水工程	卷材防水	单层SBS改性沥青防水卷材（热熔满铺法）	元/m²	按设计图示尺寸以实际面积计算，包括附加层及搭接	1.清理基层、涂刷基层处理剂。2.铺贴卷材及附加层。3.封口、收头、钉压条	包工包料	33	34	32	33	36	34	35
125	屋面及防水工程	卷材防水	双层SBS改性沥青防水卷材（热熔满铺法）	元/m²	按设计图示尺寸以实际面积计算，包括附加层及搭接	1.清理基层、涂刷基层处理剂。2.铺贴卷材及附加层。3.封口、收头、钉压条	包工包料	36	40	37	37	42	42	39

序号	工程名称	项目名称	项目特征	单位	工程量计算规则	工作内容	承包方式							
126	屋面及防水工程	卷材防水	耐根穿刺复合铜胎基改性沥青卷材	元/m²	按设计图示尺寸以实际面积计算，包括附加层及搭接	清理基层，刷基层处理剂，铺贴卷材，收头等钉压条等	包工包料	54	58	53	55	59	59	57
127	屋面及防水工程	卷材防水	卷材防水，高聚物改性沥青卷材，自粘法一层	元/m²	按设计图示尺寸以实际面积计算，包括附加层及搭接	清理基层，刷基层处理剂，铺卷材，收头等钉压条等全部操作过程	包工包料	27	27	26	26	28	28	28
128	屋面及防水工程	卷材防水	卷材防水，高分子自粘胶膜卷材，一层，平面	元/m²	按设计图示尺寸以实际面积计算，包括附加层及搭接	清理基层，刷基层处理剂，铺卷材，收头等钉压条等全部操作过程	包工包料	33	33	30	30	35	35	35
129	屋面及防水工程	涂膜防水	涂料防水，聚氨酯防水涂膜，2mm厚，平面	元/m²	按设计图示尺寸以实际面积计算，包括附加层及搭接	清理基层，调配及涂刷涂料	包工包料	47	51	47	47	51	50	50
130	屋面及防水工程	涂膜防水	聚合物水泥（JS）防水涂料 1.5mm厚	元/m²	按设计图示尺寸以实际面积计算，包括附加层及搭接	清理基层，调制、涂刷防水层	包工包料	30	30	29	29	31	33	32
131	屋面及防水工程	涂膜防水	聚合物水泥防水浆料，平面 1.5mm厚	元/m²	按设计图示尺寸以实际面积计算，包括附加层及搭接	基层处理、材料运输、拌和及涂刷、试水、养护等全过程	包工包料	31	33	30	32	35	33	34
132	屋面及防水工程	涂膜防水	水泥基渗透结晶型涂料，平立面1.5mm厚	元/m²	按设计图示尺寸以实际面积计算，包括附加层及搭接	基层处理、材料运输、拌和及涂刷、试水、养护等全过程	包工包料	26	28	25	27	29	30	29
133	屋面及防水工程	涂膜防水	涂膜防水（环氧树脂内粘玻璃丝网有机涂料）	元/m²	按设计图示尺寸以实际面积计算，包括附加层及搭接	基层处理、材料运输、拌和及涂刷、养护等全过程	包工包料	35	37	39	55	39	54	40

（续）

序号	项目类别	项目名称	清单名称	单位	工程量计算规则	项目特征	承包范围	单价/元（含税）						
								东北（辽宁、吉林等）	华北（河北、北京等）	华中（河南、湖北等）	华东（江苏、山东等）	华南（广东、福建等）	西北（陕西、甘肃等）	西南（四川、云南等）
134	屋面及防水工程	涂膜防水	桩头防水	元/个	按设计图示以实际施工数量计算	基层清理，抹防水砂浆，刷基层处理剂，涂防水涂料，安装止水条	包工包料	27	29	27	27	31	29	29
135	屋面及防水工程	变形缝	内墙变形缝	元/m	按照设计图示尺寸，以长度计算	板材、镀锌薄钢板、铝板、不锈钢板加工、盖缝板安装	人工+辅材+小型工具	23	24	22	26	27	22	24
136	屋面及防水工程	变形缝	外墙变形缝	元/m	按实际完成变形缝长度计算	镀锌薄钢板加工、盖缝板安装	人工+辅材+小型工具	26	28	25	32	32	25	25
137	屋面及防水工程	变形缝	楼地面变形缝	元/m	按实际完成变形缝长度计算	钢板、铝板、塑料硬板加工，预埋铁件，盖缝板安装	人工+辅材+小型工具	23	24	23	27	27	22	24
138	屋面及防水工程	变形缝	屋面变形缝	元/m	按实际完成变形缝长度计算	预制混凝土盖板制作安装，镀锌薄钢板、铝板、不锈钢板安装，盖缝板安装，砂浆运输，砂浆抹面	人工+辅材+小型工具	26	28	25	29	30	24	24
九、保温、隔热、防腐工程														
139	防水保温及外墙涂料	保温工程	屋面保温，XPS聚苯乙烯挤塑板	元/m²	按设计图示尺寸以面积计算	基层和边角处理，粘贴聚苯板，板面打磨找平，开装饰线条，压嵌钢丝网(或网格布)，安装塑料锚栓固定件，抹面	人工+辅材+小型工具	5	5.15	5	6	7.21	5.15	5.15

序号	项目名称	分项	具体做法	单位	工程量计算规则	工作内容	形式							
140	防水保温及外墙涂料	保温工程	外墙外保温，EPS聚苯板，增水性岩棉板A级，EPS模塑聚苯板B1级，复合发泡水泥板A级	元/m²	按设计图示尺寸以面积计算，包括门窗洞口	基层和边角处理，粘贴聚苯板，板面打磨找平，开装饰线条，压敏钢丝网（或网格布），安装塑料锚栓固定件，抹面	人工+辅材+小型工具	34	34	29	34	35	32	30
141	防水保温及外墙涂料	保温工程	地下室外墙保温 EPS模塑聚苯板	元/m²	按设计图示尺寸以面积计算，包括门窗洞口	基层和边角处理，粘贴聚苯板，板面打磨找平，开装饰线条，压敏钢丝网（或网格布），安装塑料锚栓固定件，抹面	人工+辅材+小型工具	11	11.33	11	11	11.33	10.3	10.3
142	防水保温及外墙涂料	保温工程	外墙保温一体板、挤塑板	元/m²	按设计图示尺寸以面积计算，包括门窗洞口	清理基层、边角打磨，安装锚固件，粘贴保温一体板，安装锚固件，打注泡沫填缝，打注耐候密封胶、揭保护膜、验收等全过程	人工+辅材+小型工具	72	71.07	65	80	82.4	71.07	70.04
143	防水保温及外墙涂料	保温工程	胶粉聚苯颗粒保温砂浆，外墙保温	元/m²	按设计图示尺寸以面积计算，包括门窗洞口	基层清理，修补层面，做灰饼（标筋），砂浆调制，运输，找坡抹平	包工包料	52.3	52.87	52.6	54	57.77	55.92	52.43
144	防水保温及外墙涂料	保温工程	膨胀玻化微珠保温砂浆，外墙内保温	元/m²	按设计图示尺寸以面积计算，包括门窗洞口	基层清理，修补层面，做灰饼（标筋），砂浆调制，运输，找坡抹平	包工包料	42	47.42	42	46.2	49.05	47.42	47.42

（续）

序号	项目类别	项目名称	清单名称	单位	工程量计算规则	项目特征	承包范围	单价/元（含税）						
								东北（辽宁、吉林等）	华北（河北、北京等）	华中（河南、湖北等）	华东（江苏、山东等）	华南（广东、福建等）	西北（陕西、甘肃等）	西南（四川、云南等）
145	防水保温及外墙涂料	保温工程	无机纤维矿棉喷涂，地下室顶板保温	元/m²	按设计图示尺寸以实际施工面积计算，包括梁侧	基层清理，刷黏结剂，铺粘保温层，粘贴耐碱涂塑玻纤网格布或挂钢丝网侧	包工包料	52.6	57.23	53	53	57.77	56.14	59.95
146	防水保温及外墙涂料	保温工程	EPS装饰线条制作安装，以300mm计算，宽度每增减100mm，增减2元	元/m	按设计图示尺寸以长度计算	基层清理，线条加工制作，安装等全过程	包工包料	11	11.33	11	13	11.33	11.33	10.3
147	防水保温及外墙涂料	保温工程	GRC装饰线条制作安装，以300mm计算，宽度每增减100mm，增减2元	元/m	按设计图示尺寸以长度计算	基层清理，线条加工制作，安装等全过程	包工包料	11	10.3	11	13	12.36	11.33	10.3
148	防水保温及外墙涂料	保温工程	岩棉板	元/m²	按设计图示尺寸以面积计算，包括门窗洞口	清理基层，切割，砂浆调制，贴防火带	包工包料	48	49.44	44	48	51.5	46.35	45.32

十、楼地面装饰工程

序号	项目类别	项目名称	清单名称	单位	工程量计算规则	项目特征	承包范围	单价/元（含税）						
								东北（辽宁、吉林等）	华北（河北、北京等）	华中（河南、湖北等）	华东（江苏、山东等）	华南（广东、福建等）	西北（陕西、甘肃等）	西南（四川、云南等）
149	装修装饰工程	找平层	水泥压光地面	元/m²	按设计图示尺寸以面积计算	调运砂浆，分层铺设，压实，养护	人工+辅材+小型工具	30	31	31	35	32	30	28

序号	工程类别	项目	项目特征	单位	计算规则	工作内容	人工等							
150	装饰装修工程	找平层	楼地面找平水泥砂浆50mm，每超过10mm增加2元/m²	元/m²	按设计图示尺寸以面积计算	调运砂浆、分层铺设、压实、养护	人工+辅材+小型工具	15	16	16	21	22	16	14
151	装饰装修工程	找平层	细石、陶粒混凝土垫层100mm以内，每超过20mm增加2元/m²	元/m²	按设计图示尺寸以面积计算	调运砂浆、分层铺设、压实、养护	人工+辅材+小型工具	14	15	15	18	19	15	14
152	装饰装修工程	找平层	车库地坪浇筑	元/m²	按设计图示尺寸以面积计算	基层清理、灰饼制作浇筑、表面找平压光收面、洒水养护、切缝等全过程	人工+辅材+小型工具	14	16	16	19	22	16	14
153	装饰装修工程	找平层	车库坡道浇筑	元/m²	按设计图示尺寸以面积计算	基层清理、浇筑、表面找平压实收面、洒水养护、切缝等全过程	人工+辅材+小型工具	26	27	26	29	32	27	27
154	装饰装修工程	块料面层	楼地面陶瓷地砖、结合层厚度50mm，每超过10mm增加2元/m²	元/m²	按设计图示尺寸以面积计算	基层清理、砂浆搅拌、试排弹线、锯板修边、铺贴饰面等全过程	人工+辅材+小型工具	44	43	47	51	54	43	45
155	装饰装修工程	块料面层	楼地面铺砖、波导线	元/m	按设计图示尺寸以长度计算	基层清理、抹找平层、面层排版、加工、背胶、铺贴嵌缝、现场清理等全过程	人工+辅材+小型工具	16	16	17	21	22	16	17

（续）

序号	项目类别	项目名称	清单名称	单位	工程量计算规则	项目特征	承包范围	单价/元（含税）							
								东北（辽宁、吉林等）	华北（河北、北京等）	华中（河南、湖北等）	华东（江苏、山东等）	华南（广东、福建等）	西北（陕西、甘肃等）	西南（四川、云南等）
156	装饰装修工程	块料面层	楼地面铺砖、过门石铺贴、天然石材	元/m	按设计图示尺寸以长度计算	基层清理、粘结层铺贴、面层铺设、加工、六面防护、嵌缝、护材料等全过程	人工+辅材+小型工具	39	39	40	45	52	40	42
157	装饰装修工程	块料面层	楼梯面陶瓷地砖、旋转楼梯乘以1.2系数	元/m²	按设计图示尺寸以面积计算	基层清理、砂浆搅拌、试排弹线、调运、铺设、锯板修边、铺贴面面等全过程	人工+辅材+小型工具	60	70	68	69	63	67	62
158	装饰装修工程	块料面层	楼梯台阶铺贴、天然石材	元/m²	按设计图示尺寸以面积计算	基层清理、粘结层铺贴、面层铺设、加工、六面防护、嵌缝、护材料等全过程	人工+辅材+小型工具	91	92	95	114	118	97	99
159	装饰装修工程	块料面层	地面碎拼石材铺贴	元/m²	按设计图示尺寸以面积计算	基层清理、砂浆搅拌、调运、试排弹线、铺贴面层、锯板修边等全过程	人工+辅材+小型工具	65	76	70	71	76	72	67
160	装饰装修工程	块料面层	楼地面铺贴、木地板拼花铺	元/m²	按设计图示尺寸以面积计算	基层清理、刷地固涂料、铺防潮膜、排板锯板、拼贴木地板、收边条收边等全过程	人工+辅材+小型工具	38	38	39	45	50	43	42

序号	工程	面层	项目	单位	计算方式	工作内容	供料方式							
161	装饰装修工程	块料面层	楼地面铺贴，木地板满铺	元/m²	按设计图示尺寸以面积计算	基层清理、刷防潮涂料、铺防潮膜、排板铺板、拼贴木地板、收边条收边等全过程	人工+辅材+小型工具	33	32	34	42	43	32	36
162	装饰装修工程	块料面层	踢脚板铺贴，成品木踢脚	元/m	按设计图示长度计算	基层清理、砂浆搅拌、调运、试排弹线、铺贴修边过程	人工+辅材+小型工具	11	11	12	13	14	11	12
163	装饰装修工程	块料面层	踢脚板铺贴，不锈钢踢脚	元/m	按设计图示长度计算	基层清理、砂浆搅拌、调运、试排弹线、铺贴饰面等全过程	人工+辅材+小型工具	16	16	17	19	22	16	17
164	装饰装修工程	块料面层	踢脚板铺贴，地砖踢脚	元/m	按设计图示长度计算	基层清理、砂浆搅拌、调运、试排弹线、铺贴饰面等全过程	人工+辅材+小型工具	18	18	19	20	18	17	16
165	装饰装修工程	整体面层	金刚砂耐磨楼地面	元/m²	按设计图示面积计算	基层清理、调运砂浆、刷素水泥浆、抹平、压光、养护	包工包料	27	38	29	29	34	34	30
166	装饰装修工程	整体面层	环氧地坪	元/m²	按设计图示面积计算	作业面维护、基层处理、配料、底漆、中漆、面漆、养护、修整	包工包料	34	36	35	42	46	38	37
167	装饰装修工程	整体面层	环氧自流平	元/m²	按设计图示面积计算	作业面维护、基层处理、配料、底漆、中漆、面漆、修整	包工包料	48	61	56	68	78	60	53

（续）

序号	项目类别	项目名称	清单名称	单位	工程量计算规则	项目特征	承包范围	单价/元（含税）						
								东北（辽宁、吉林等）	华北（河北、北京等）	华中（河南、湖北等）	华东（江苏、山东等）	华南（广东、福建等）	西北（陕西、甘肃等）	西南（四川、云南等）
168	装饰装修工程	整体面层	PVC地板	元/m²	按设计图示尺寸以面积计算	基层清理、刮腻子、涂刷胶粘剂、贴面层、净面	包工包辅材	44	46	47	61	66	48	48
169	装饰装修工程	整体面层	铝合金防静电活动地板	元/m²	按设计图示尺寸以面积计算	基层清理、安装支架横梁、铺设面板、清扫净面	人工+辅材+小型工具	42	41	42	48	49	43	47
170	装饰装修工程	回填	房心回填、灰土垫层	元/m³	按设计图示尺寸以体积计算	材料拌和、回填、洒水、夯实等	人工+辅材+机械	126	130	126	137	141	130	130
171	装饰装修工程	回填	房心回填、砂石垫层	元/m³	按设计图示尺寸以体积计算	材料拌和、回填、洒水、夯实等	人工+辅材+机械	84	92	89	101	110	89	87
十一、墙柱面装饰与隔断、幕墙工程														
172	装饰装修工程	墙面抹灰	墙面抹灰、一般抹灰、水泥砂浆	元/m²	按设计图示尺寸以面积计算	1. 清理基层、修补堵眼、湿润基层、运输、清扫落地灰。2. 分层抹灰找平、面层压光（包括门窗洞口侧壁抹灰）	人工+辅材+小型工具	19	17	19	21	22	19	18
173	装饰装修工程	墙面抹灰	墙面抹灰、一般抹灰、粉刷石膏	元/m²	按设计图示尺寸以面积计算	1. 清理基层、修补堵眼、湿润基层、运输、清扫落地灰。2. 分层抹灰找平、面层压光（包括门窗洞口侧壁抹灰）	人工+辅材+小型工具	21	19	19	22	23	22	21

序号	工程类别	项目名称	项目特征	计量单位	工程量计算规则	工作内容	主要工料机							
174	装饰装修工程	墙抹灰	墙面拉网抹灰	元/m²	按设计图示尺寸以面积计算	1. 基层清理、修补堵眼，湿润基层，运输，清扫落地灰。2. 分层抹灰找平，面层压光（包括门窗洞口侧壁抹灰）	人工+辅材+小型工具	33	29	30	33	34	28	30
175	装饰装修工程	墙面块料面层	墙面块料面层，粘贴石材，预拌砂浆	元/m²	按设计图示尺寸以面积计算	清理、修补基层表面，调运砂浆，砂浆打底，铺抹结合层（刷胶粘剂）。2. 选料，面层粘贴，清洁表面	人工+辅材+小型工具	61	59	63	63	64	65	59
176	装饰装修工程	墙面块料面层	墙面块料面层，无龙骨背挂石材	元/m²	按设计图示尺寸以面积计算	1. 清理、修补基层表面，安装装饰铁件，制作安装钢筋，焊接固定。2. 选料，砂浆，钻孔，调成槽，穿丝固定；调运砂浆，挂贴面层；清洁表面	人工+辅材+小型工具	116	108	105	121	130	108	122
177	装饰装修工程	墙面块料面层	墙面块料面层，瓷砖铺贴	元/m²	按设计图示尺寸以面积计算	1. 基层清理、修补，运输，砂浆打底，铺结合层（刷胶粘剂）。2. 选料，贴瓷砖，擦缝，清洁表面	人工+辅材+小型工具	86	87	89	99	112	92	94
178	装饰装修工程	墙面块料面层	洗手台石材安装（带裙板、挡水板、侧架）	元/m	按设计图示尺寸以长度计算	1. 基层清理、修补，运输，砂浆打底，铺结合层（刷胶粘剂）。2. 选料，贴石材，擦缝，清洁表面	人工+辅材+小型工具	38	40	38	41	41	37	38

（续）

序号	项目类别	项目名称	清单名称	单位	工程量计算规则	项目特征	承包范围	单价/元（含税）							
								东北（辽宁、吉林等）	华北（河北、北京等）	华中（河南、湖北等）	华东（江苏、山东等）	华南（广东、福建等）	西北（陕西、甘肃等）	西南（四川、云南等）
179	装饰装修工程	墙面块料面层	内墙面，石材干挂	元/m²	按设计图示尺寸以面积计算	基层清理、干挂件安装、钢架制作、面层铺设、加工、六面防护、嵌缝、刷防护材料等全过程	人工＋辅材＋小型工具	149	151	158	172	198	157	165
180	装饰装修工程	墙面块料面层	内墙面，干挂挂板	元/m²	按设计图示尺寸以面积计算	基层清理、干挂件安装、钢架制作、面层铺设等全过程	人工＋辅材＋小型工具	134	136	142	159	176	141	148
181	装饰装修工程	隔墙	轻钢龙骨石膏板隔墙（包龙骨）双面	元/m²	按设计图示尺寸以垂直投影面积计算	定位、弹线、下料、安装龙骨、安装石膏板、内填岩棉等、清理	人工＋辅材＋小型工具	49	49	50	59	65	50	53
182	装饰装修工程	隔墙	轻钢龙骨石膏板隔墙（包龙骨）单面	元/m²	按设计图示尺寸以垂直投影面积计算	定位下料、安装龙骨、基层清理、安装龙骨、内填岩棉等全过程	人工＋辅材＋小型工具	36	36	36	43	45	36	38
183	装饰装修工程	其他	抹灰线条（滴水线）	元/m	按设计图示尺寸以长度计算	装饰架搭拆、清理、修补、刷处理剂、堵墙眼、挂网、砂浆搅拌、运输、拉毛、勾分格缝、抹平（压光）、分层抹平、清理地面等全过程	人工＋辅材＋小型工具	4	4	4	5	9	4	4

序号	工程类别	项目名称	单位	工程量计算规则	工作内容	人工、辅材及小型机具							
184	装饰装修工程	抹踢脚板（水泥砂浆）	元/m	按设计图示尺寸以长度计算	装饰架搭拆、清理、修补、刷处理剂、堵墙眼、砂浆搅拌、运输、拉毛、挂网、分层格缝、清（压光）、勾分格缝，清理地面等全过程	人工+辅材+小型工具	8	8	11	8	7	8	7
185	装饰装修工程	其他	地漏安装	元/个	按设计图示尺寸以数量计算	切割，水泥砂浆填平，安装地漏、打胶、成品保护	人工+辅材+小型工具	11	13	13	12	11	14	13
186	装饰装修工程	幕墙工程	玻璃幕墙，半隐框	元/m²	按设计图示尺寸以展开面积计算	1. 型材矫正、放料下料、切割断料，钻孔、安装框料及玻璃配件，框周边堵口。2. 基层清理、定位、画线、下料、打铝铆洞、安装龙骨、避雷装置焊接安装，清洗等	人工+辅材+小型工具	158	152	178	163	132	152	143
187	装饰装修工程	幕墙工程	玻璃幕墙，全隐框	元/m²	按设计图示尺寸以展开面积计算	1. 型材矫正、放料下料、切割断料，钻孔、安装框料及玻璃配件，框周边堵口。2. 基层清理、定位、画线、下料、打铝铆洞、安装龙骨、避雷装置焊接安装，清洗等	人工+辅材+小型工具	159	154	180	164	133	154	144

（续）

序号	项目类别	项目名称	清单名称	单位	工程量计算规则	项目特征	承包范围	单价/元（含税）							
								东北（辽宁、吉林等）	华北（河北、北京等）	华中（河南、湖北等）	华东（江苏、山东等）	华南（广东、福建等）	西北（陕西、甘肃等）	西南（四川、云南等）
188	装饰装修工程	幕墙工程	玻璃幕墙，明框	元/m²	按设计图示尺寸以展开面积计算	1. 型材矫正、放料下料、切割断料、钻孔、安装框料及玻璃配件，框周边塞口，清洁。2. 基层清理，定位、画线、下料、打砖剔洞、安装龙骨、避雷装置焊接安装、清洗等	人工+辅材+小型工具	130	137	125	144	152	140	141
189	装饰装修工程	幕墙工程	全玻璃幕墙，点式	元/m²	按设计图示尺寸以展开面积计算	1. 放线、定位、玻璃吊装、就位、安装、注密封胶，表面清理等幕墙制作安装。2. 框制时闭；嵌缝、塞口，清洗等隔离带制作安装	人工+辅材+小型工具	161	171	151	183	197	173	176
190	装饰装修工程	幕墙工程	铝板幕墙，铝单板	元/m²	按设计图示尺寸以展开面积计算	1. 型材矫正、放料下料、切割断料、钻孔、安装框料及玻璃配件，框周边塞口，清洁。2. 清理基层，定位、画线、下料、打砖剔洞、安装龙骨、避雷装置焊接安装、清洗等	人工+辅材+小型工具	114	121	98	128	136	123	104

序号	专业工程	分项	工作内容	计算规则	单位	资源类型							
191	装饰装修工程	幕墙工程	铝格栅幕墙	按设计图示尺寸以展开面积计算	元/m²	1. 型材矫正、放料下料、切割断料、钻孔、安装框周边料及玻璃框配件、清洁。2. 基层清理、画线、下料、打砖剔洞、安装龙骨、避雷装管焊接安装、清洗等	人工+辅材+小型工具	123	130	108	137	145	132	117
192	装饰装修工程	幕墙工程	幕墙安装，铝合金、百叶窗安装	按设计图示尺寸以展开面积计算	元/m²	开箱、解捆、定位、画线、吊正、找平、安装、框周边塞缝等	人工+辅材+小型工具	70	75	66	79	85	75	77
193	装饰装修工程	幕墙工程	幕墙安装（石材幕墙）	按设计图示尺寸以展开面积计算	元/m²	1. 型材矫正、放料下料、切割断料、钻孔、安装框周边料及玻璃框配件、清洁。2. 基层清理、画线、下料、打砖剔洞、安装龙骨、避雷装管焊接安装、清洗等	人工+辅材+小型工具	158	168	147	177	194	168	173
194	装饰装修工程	幕墙工程	幕墙与建筑物的封边，顶端、侧边及底，不锈钢	按设计图示尺寸以展开面积计算	元/m²	1. 钢架、铁件制作、安装，刷防锈漆、填防火岩棉胶泥。2. 安装镀锌薄钢板、镀锌薄钢板等。3. 型材矫正、下料、钻孔、安装框料、玻璃、配件、框周边塞口、清理等	人工+辅材+小型工具	23	26	21	36	37	30	28

（续）

序号	项目类别	项目名称	清单名称	单位	工程量计算规则	项目特征	承包范围	单价/元（含税）						
								东北（辽宁、吉林等）	华北（河北、北京等）	华中（河南、湖北等）	华东（江苏、山东等）	华南（广东、福建等）	西北（陕西、甘肃等）	西南（四川、云南等）
十二、天棚工程														
195	装饰装修工程	天棚吊顶	轻钢龙骨、轻钢龙骨石膏顶、平顶、增加一层石膏板增加5元/m²	元/m²	按设计图示尺寸以投影面积计算	1. 吊件加工、安装。2. 定位、弹线、安装吊筋。3. 选料、下料、定位控杆控制高度、安装龙骨及横撑附作等。4. 临时加固、调整、校正。5. 预留位置、整体调整	人工+辅材+小型工具	54	54	58	62	69	59	58
196	装饰装修工程	天棚吊顶	轻钢龙骨、跌级石膏板顶制作安装，增加一层石膏板增加5元/m²	元/m²	按设计图示尺寸以投影面积计算	1. 吊件加工、安装。2. 定位、弹线、安装吊筋。3. 选料、下料、定位控杆控制高度、安装龙骨及横撑附作等。4. 临时加固、调整、校正。5. 预留位置、整体调整	人工+辅材+小型工具	64	64	68	72	74	69	68

序号	工程分类	项目	子项目名称	单位	工程量计算规则	工作内容	人工类别							
197	装饰装修工程	天棚吊顶	塑料扣板吊顶	元/m²	按设计图示尺寸以投影面积计算	1. 吊作加工、安装。2. 定位、弹线、安装吊筋。3. 选料、下料、定位杆控制高度、平整、安装龙骨及横撑附件等。4. 临时加固、调整、校正。5. 预留位置、整体调整	人工＋辅材＋小型工具	36	37	40	39	38	37	34
198	装饰装修工程	天棚吊顶	金属扣板吊顶	元/m²	按设计图示尺寸以投影面积计算	1. 吊作加工、安装。2. 定位、弹线、安装吊筋。3. 选料、下料、定位杆控制高度、平整、安装龙骨及横撑附件等。4. 临时加固、调整、校正。5. 预留位置、整体调整	人工＋辅材＋小型工具	45	47	51	50	50	48	44
199	装饰装修工程	天棚吊顶	矿棉板吊顶浮搁式	元/m²	按设计图示尺寸以投影面积计算	1. 吊作加工、安装。2. 定位、弹线、安装吊筋。3. 选料、下料、定位杆控制高度、平整、安装龙骨及横撑附件等。4. 临时加固、调整、校正。5. 预留位置、整体调整	人工＋辅材＋小型工具	40	42	47	45	44	50	39

（续）

序号	项目类别	项目名称	清单名称	单位	工程量计算规则	项目特征	承包范围	单价/元（含税）						
								东北（辽宁、吉林等）	华北（河北、北京等）	华中（河南、湖北等）	华东（江苏、山东等）	华南（广东、福建等）	西北（陕西、甘肃等）	西南（四川、云南等）
200	装饰装修工程	天棚吊顶	金属扣板吊顶，嵌入式	元/m²	按设计图示尺寸以投影面积计算	1. 吊件加工、安装。2. 定位、弹线、安装吊筋。3. 选料、下料、定位杆控制高度、平整，安装龙骨及横撑附件等。4. 临时加固、调整、校正。5. 预留位置、整体调整	人工+辅材+小型工具	42	45	47	43	44	42	45
201	装饰装修工程	其他	窗帘盒制作安装，超过600mm加3元/m，超过800mm并且细木工板基层为双层时增10元/m	元/m	按设计图示尺寸以长度计算	选料、钻孔、制作、安装基层板、贴切片及石膏板等全部操作过程	人工+辅材+小型工具	38	38	39	44	50	41	42
202	装饰装修工程	其他	石膏线	元/m	按设计图示尺寸以长度计算	钻孔、下木楔、安装固定	人工+辅材+小型工具	13	14	16	12	15	14	12
203	装饰装修工程	其他	灯槽制作安装	元/m	按设计图示尺寸以长度计算	选料、钻孔、制作、安装基层板、贴切片及石膏板等全部操作过程	人工+辅材+小型工具	43	43	44	50	55	38	47

序号	工程类别	项目	项目名称	单位	工程量计算规则	工作内容	组成							
204	装饰装修工程	其他	石膏板开灯孔/开新风孔	元/个	按设计图示尺寸以数量计算	定位、开孔等全过程		3	3	2	4	4	2	3
十三、油漆、涂料、裱糊工程														
205	装饰装修工程	墙面抹灰	内墙/天棚腻子	元/m²	按设计图示计算，面积计算，包括门窗洞口	清扫、打磨、满刮腻子两遍	人工+辅材+小型工具	8	9	8	12	13	9	9
206	装饰装修工程	墙面抹灰	内墙/天棚乳胶漆	元/m²	按设计图示计算，面积计算，包括门窗洞口	清扫、乳胶漆两遍	人工+辅材+小型工具	6	7	6	8	11	6	8
207	装饰装修工程	墙面块料面层	墙面普通壁纸	元/m²	按设计图示尺寸以展开面积计算	清扫、找补腻子、刷底胶、刷胶粘剂、铺贴壁纸等	人工+辅材+小型工具	27	27	27	32	36	32	42
208	装饰装修工程	乳胶漆	乳胶漆，室内天棚面，二遍	元/m²	按设计图示尺寸以展开面积计算	清扫、打磨、满刮腻子两遍、刷底漆一遍、刷乳胶漆两遍等	人工+辅材+小型工具	23	24	24	27	31	24	25
209	防水保温及外墙涂料	外墙涂料	金属氟碳漆喷涂	元/m²	按设计图示计算，面积计算，包括门窗洞口	基层清理、找平腻子两道、打磨养护、批油性界面剂、批腻子两道、喷涂氟碳面漆两道、封闭底漆一道、喷涂氟碳中漆两道、喷涂氟碳面漆两道	人工+辅材+小型工具	37	39	35	41	42	38	38
210	防水保温及外墙涂料	外墙涂料	外墙涂料（真石漆、岩片漆）	元/m²	按设计图示计算，面积计算，包括门窗洞口	基层清理、刮腻子、分格、搅匀、涂刷封底、后喷涂真石漆两遍、涂刷透明罩光面漆两遍	人工+辅材+小型工具	23	26	24	29	32	25	25

（续）

序号	项目类别	项目名称	清单名称	单位	工程量计算规则	项目特征	承包范围	单价/元（含税）						
								东北（辽宁、吉林等）	华北（河北、北京等）	华中（河南、湖北等）	华东（江苏、山东等）	华南（广东、福建等）	西北（陕西、甘肃等）	西南（四川、云南等）
211	防水保温及外墙涂料	外墙涂料	丙烯酸、防水涂料	元/m²	按设计图示尺寸以面积计算，包括门窗洞口	1. 清理基层、调制、涂刷防水层。2. 任防水薄弱处做涂布附加层，贴布防水层	人工+辅材+小型工具	19	19	19	23	25	19	19
212	防水保温及外墙涂料	外墙涂料	无机涂料	元/m²	按设计图示尺寸以面积计算，包括门窗洞口	清扫基层、补孔洞、刮腻子、磨砂纸、刮腻子附底漆、批刮质感漆、喷涂、工作面清理等全过程	人工+辅材+小型工具	22	23	22	24	27	22	19
213	防水保温及外墙涂料	外墙涂料	仿石型单粉涂料 水包水、水包砂	元/m²	按设计图示尺寸以面积计算，包括门窗洞口	清理基层、补小孔洞、配料、刮腻子、磨砂纸、喷涂、刷涂料等全部操作过程	人工+辅材+小型工具	25	28	25	26	32	26	25
十四、措施项目														
214	措施项目	模板工程	复合木模板，地下室	元/m²	按设计图示尺寸以面积计算	木模板及复合模板制作、安装、拆除，刷润滑剂，模板场外运输	人工+辅材+小型机械	52	53.56	50	58.71	60.77	56.65	55.62
215	措施项目	模板工程	复合木模板，地上结构，层高5m以内	元/m²	按设计图示尺寸以面积计算	木模板及复合模板制作、安装、拆除，刷润滑剂，模板场外运输	人工+辅材+小型机械	46	46.35	45	56.65	57.68	46.35	46.35

序号		项目名称	项目特征	单位	计算规则	工作内容	工作方式						
216	措施项目	模板工程	复合木模板,地上结构,（层高5m以上每增0.5m)	元/m²	按设计图示尺寸以面积计算	木模板及复合模板制作、安装、拆除、刷润滑剂、模板场外运输	人工+辅材+小型机械	5	5.15	5	5.15	6.18	5.15	5.15
217	措施项目	模板工程	铝模,地上结构	元/m²	按设计图示尺寸以面积计算	铝模板安装、拆除、清理、刷润滑剂、场外运输	人工+辅材+小型机械	38	39.14	38	44.29	45.32	39.14	39.14
218	措施项目	模板工程	木模支拆,屋面造型（花架斜板）	元/m²	按设计图示尺寸以面积计算	木模板及复合模板制作、安装、拆除、刷润滑剂、模板场外运输	人工+辅材+小型机械	50	51.5	48	56.65	64.89	53.56	46.35
219	措施项目	模板工程	复合木模板,设备基础	元/m²	按设计图示尺寸以面积计算	木模板及复合模板制作、安装、拆除、刷润滑剂、模板场外运输	人工+辅材+小型机械	40	41.2	42	43.26	49.44	44.29	41.2
220	措施项目	脚手架工程	双排落地脚手架,地下室	元/m²	按设计图示以建筑面积计算	1.场内、场外材料搬运。2.搭、拆脚手架、上下翻板、挡脚板。3.拆除脚手架后材料的堆放	人工+辅材+小型机械	22	23.69	22	26.78	30.9	22.66	22.66
221	措施项目	脚手架工程	双排落地脚手架,地上结构	元/m²	按设计图示以建筑面积计算	1.场内、场外材料搬运。2.搭、拆脚手架、上下翻板、挡脚板。3.拆除脚手架后材料的堆放	人工+辅材+小型机械	23	24.72	23	28.84	28.84	23.69	22.66

（续）

序号	项目类别	项目名称	清单名称	单位	工程量计算规则	项目特征	承包范围	单价/元（含税）							
								东北（辽宁、吉林等）	华北（河北、北京等）	华中（河南、湖北等）	华东（江苏、山东等）	华南（广东、福建等）	西北（陕西、甘肃等）	西南（四川、云南等）
222	措施项目	脚手架工程	外墙悬挑脚手架，地上结构	元/m²	按设计图示以建筑面积计算	1. 场内、场外材料搬运。2. 搭、拆脚手架、挡脚板、上下翻板子。3. 拆除脚手架后材料的堆放	人工＋辅材＋小型机械	22	22.66	22	25.75	26.78	22.66	22.66
223	措施项目	脚手架工程	满堂脚手架搭拆	元/m³	以实际搭设体积计算	1. 场内、场外材料搬运。2. 搭、拆脚手架、挡脚板、上下翻板子。3. 拆除脚手架后材料的堆放	人工＋辅材＋小型机械	14.5	13.91	13.5	15.45	17	13.39	14.94
224	措施项目	脚手架工程	双排全钢爬架，地上结构（标准层）	元/(m·月)	按设计图示以建筑周长计算	1. 场内、场外材料搬运。2. 搭、拆脚手架、挡脚板、上下翻板子。3. 拆除脚手架后材料的堆放	人工＋辅材＋小型机械	735	801.2	735	839.3	861.1	817.5	817.5

序号	项目	名称	单位	计算规则	工作内容	类型							
225	措施项目	脚手架工程	多排钢管脚手架（厂房业态）	元/m²	按设计图示以面投影面积计算	1. 场内、场外材料搬运。2. 搭、拆脚手架、挡脚板、上下翻板子。3. 拆除脚手架后材料的堆放	人工＋辅材＋小型机械	22	22.66	22	24.72	25.75	23.69	22.66
226	土石方及降水	井点降水	管井降水，成孔孔径500mm	元/m	按有效降水井深以长度计算	井位放样，做井口，安护筒，钻机钻孔，回填井底砂垫层，回放井管，回填管壁与孔壁间的过滤层，洗井、场地清理等全过程	人工＋辅材＋小型机械	153	146.3	159.7	157.6	159.7	139.1	157.6
227	土石方及降水	井点降水	水泵排水	元/台班	按实际台班数量计算（一昼夜为一个台班）	安装抽水机械，接通电源，抽水，拆除抽水设备并回收入库等全过程	人工＋辅材＋小型机械	49	47.38	51.5	52.53	53.56	47.38	48.41

第三篇

总承包对甲方成本——定额体系搭建

定额是大家最常用的报价方式，但很多人习惯按照定额制定好的规则，去做一个执行者，而没有真正对定额进行过思考，本篇罗列了土建装饰板块每一项清单的定额综合单价及建议套用定额子目，能够帮助大家在不知道如何套定额时，找到解决答案。

各地区定额计算规则有所差异，定额名称有所不同，但万变不离其宗，大家结合本地区定额借鉴使用即可。

清单及综合单价体系

序号	项目类别	项目名称	清单名称	单位	特征描述	人工费/元	材料费/元	机械费/元	管理费/元	利润/元	综合单价/元	推荐执行定额子目
一、土石方工程												
1	土石方工程	平整场地	平整场地（机械场地平整）	m²	1. 土壤类别：综合考虑 2. 弃土运距：投标人根据施工现场实际情况自行考虑	0.08	0	0.50	0.15	0.07	0.80	推荐定额： 推土机（105kW），平整场地厚<300mm
2	土石方工程	平整场地	人工修整（基底300mm清理）	m²	1. 土壤类别：综合考虑 2. 弃土运距：场内倒运	15.40	0.04	6.95	5.81	2.68	30.88	推荐定额： 1. 人工挖一般土方，一类土，用人工方修边坡，整平的土方工程量为人工×2 2. 自卸汽车运土运距<1km
3	土方石工程	挖一般土方	挖沟槽土方（人工）	m³	1. 土壤类别：综合考虑 2. 弃土运距：场内倒运	20.02	0.04	6.95	7.01	3.24	37.26	推荐定额： 1. 人工挖沟槽、地沟，一类干土深<3m 2. 自卸汽车运土运距<1km
4	土石方工程	挖淤泥、流沙	挖淤泥、流沙（人工）	m³	1. 挖掘深度：综合考虑 2. 弃淤泥、流沙流沙距离，场内倒运	43.12	0.05	9.04	13.56	6.26	72.03	推荐定额： 1. 挖淤泥 2. 智能环保渣土车运淤泥（额定载重12.37t）运距在1km以内

序号			单位	项目特征							推荐定额
5	土石方工程 挖一般土石方	挖一般土方（机械）	m³	1. 土壤类别：详见工程地质勘探报告 2. 挖土深度：按图样设计要求 3. 弃土运距：场内倒运	0.23	0.04	10.16	2.70	1.25	14.38	推荐定额： 1. 反铲挖掘机（1m³以内）挖土装车 2. 自卸汽车运土运距＜1km
6	土石方工程 挖淤泥、流沙	挖淤泥、流沙（机械）	m³	1. 土壤类别：详见工程地质勘探报告 2. 挖土深度：按图样设计要求 3. 弃土运距：场内倒运	0.43	0.05	13.07	3.51	1.62	18.68	推荐定额： 1. 反铲挖掘机挖淤泥（斗容量0.6m³以内）装车 2. 智能环保渣土运（额定载重12.37t）淤泥运距在1km以内
7	土石方工程 挖一般土石方	挖沟槽土方（机械）	m³	1. 土壤类别：详见地质勘探报告 2. 弃土运距：场内倒运	0.26	0.04	10.39	2.77	1.28	14.74	推荐定额： 1. 挖掘机挖沟槽土（斗容量1m³以内）反铲装车 2. 自卸汽车运土运距＜1km
8	土石方工程 挖一般土石方	挖基坑土方（机械）	m³	1. 土壤类别：详见地质勘探报告 2. 弃土运距：场内倒运	0.28	0.04	10.60	2.83	1.31	15.06	推荐定额： 1. 挖掘机挖基坑土（斗容量1m³以内）反铲装车 2. 自卸汽车运土运距＜1km

（续）

序号	项目类别	项目名称	清单名称	单位	特征描述	人工费/元	材料费/元	机械费/元	管理费/元	利润/元	综合单价/元	推荐执行定额子目
9	土石方工程	挖一般土石方	管沟土方（机械）	m³	1. 土壤类别：三类土 2. 挖沟深度：1.0m以内 3. 回填要求：夯填 4. 弃土运距：场内倒运	0.26	0.04	9.64	2.57	1.19	13.70	推荐定额： 1. 挖掘机挖沟槽土（斗容量1m³以内）反铲不装车 2. 自卸汽车运土运距＜1km
10	土石方工程	回填	基础回填，回填素土	m³	1. 密实度要求：夯填 2. 填方材料品种：素土 3. 填方来源、运距：原土＜1km	21.56	0.04	8.01	7.69	3.55	40.85	推荐定额： 1. 回填土夯填基（槽）坑 2. 自卸汽车运土运距＜1km
11	土石方工程	回填	基础回填，灰土	m³	1. 回填部位：承台部位 2. 填方材料品种：3:7灰土回填 3. 填方粒径要求：符合设计及规范要求 4. 填方来源、运距：投标人自行综合考虑	21.56	109.31	1.06	5.88	2.71	140.52	推荐定额：回填土夯填基（槽）坑
12	土石方工程	回填	基础回填，级配砂石	m³	1. 密实度要求：满足设计和规范要求 2. 填方材料品种：级配砂石 3. 填方粒径要求：符合设计及规范要求 4. 填方来源、运距：投标人自行综合考虑	21.56	85.62	1.06	5.88	2.71	116.83	推荐定额：回填土夯填基（槽）坑

序号	工程	类别	项目名称	单位	特征描述							推荐定额
13	土石方工程	回填	场地回填，车库顶板回填素土	m³	1. 密实度要求：夯填 2. 填方材料品种：三类土 3. 填方粒径要求：500mm厚分层回填，分层夯实 4. 填方来源，运距：原土	7.70	0.04	6.95	3.81	1.76	20.26	推荐定额： 1. 回填土松填地面 2. 自卸汽车运土运距<1km
14	土石方工程	运输	人工倒运土方	m³	1. 废弃料品种：土方 2. 运距：50m	22.72	0	0	5.91	2.73	31.36	推荐定额： 人工挑抬土运距<20m 实际运距：50m
15	土石方工程	运输	机械场内倒运土方（运距5km以内）	m³	1. 废弃料品种：土方 2. 运距：场内倒运	0	0.04	13.63	3.54	1.64	18.85	推荐定额： 自卸汽车运土运距<5km
16	土石方工程	运输	余方弃置	m³	1. 废弃料品种：余土 2. 运距：综合考虑	0	0.04	29.67	7.71	3.56	40.98	推荐定额： 自卸汽车运土运距<16km

二、地基处理与边坡支护工程

序号	工程	类别	项目名称	单位	特征描述							推荐定额
1	地基处理与边坡支护工程	地基处理	强夯地基，夯击遍数五遍，夯击能1000kN·m以内	m²	1. 夯击能量：1000kN·m 2. 夯击遍数：8击	13.09	4.60	18.15	8.12	3.75	47.71	推荐定额： 强夯法加固地基<100t·m，8击/点以内
2	地基处理与边坡支护工程	地基处理	强夯地基，夯击遍数五遍，夯击能2000kN·m以内	m²	1. 夯击能量：2000kN·m 2. 夯击遍数：8击	19.64	6.26	33.60	13.84	6.39	79.73	推荐定额： 强夯法加固地基<200t·m，8击/点以内

（续）

序号	项目类别	项目名称	清单名称	单位	特征描述	人工费/元	材料费/元	机械费/元	管理费/元	利润/元	综合单价/元	推荐执行定额子目
3	地基处理与边坡支护工程	地基处理	强夯地基，夯击遍数五遍，夯击能3000kN·m以内	m²	1. 夯击能量：3000kN·m 2. 夯击遍数：8击	26.17	8.62	41.49	17.59	8.12	101.99	推荐定额：强夯法加固地基<300t·m，8击/点以内
4	地基处理与边坡支护工程	地基处理	强夯地基，夯击遍数五遍，夯击能4000kN·m以内	m²	1. 夯击能量：4000kN·m 2. 夯击遍数：8击	39.26	13.25	67.79	27.83	12.85	160.98	推荐定额：强夯法加固地基<400t·m，8击/点以内
5	地基处理与边坡支护工程	地基处理	强夯地基，夯击遍数五遍，夯击能5000kN·m以内	m²	1. 夯击能量：5000kN·m 2. 夯击遍数：8击	49.36	18.25	73.92	34.43	16.58	192.54	推荐定额：强夯法加固地基<400t·m，8击/点以内换为[强夯机械夯击能量5000kN·m]
6	地基处理与边坡支护工程	地基处理	单轴深层搅拌桩	m³	1. 地层情况：详见地质勘探报告 2. 空桩长度，桩长长度1m，桩长16m 3. 桩截面尺寸：*d*600mm 4. 水泥强度等级，42.5级水泥掺量不小于15%	61.60	117.95	63.89	32.63	15.06	291.13	推荐定额：单轴深层搅拌桩，水泥掺入比15%，材料[0010132]含量为274.05

序号	工程		项目名称	单位	特征描述							推荐定额
7	地基处理与边坡支护工程	地基处理	双轴深层搅拌桩	m³	1. 地层情况：详见地质勘探报告 2. 桩长：6m 3. 桩截面尺寸：φ700mm 4. 采用四搅两喷 5. 水泥强度等级、掺量：采用42.5级普通硅酸盐水泥，水泥掺入量15%	41.58	117.95	40.30	21.29	9.83	230.95	推荐定额：双轴深层搅拌桩，水泥掺入比15%，材料[04010132]含量为274.05
8	地基处理与边坡支护工程	地基处理	三轴深层搅拌桩（两搅一喷）	m³	1. 地层情况：详见地质勘探报告 2. 桩长：综合考虑 3. 桩径：φ850mm 4. 浆液种类、掺量：水泥掺量为18% 5. 喷搅工艺：三轴搅拌桩、喷浆、喷搅桩体、喷搅工艺两喷一喷 6. 土石方、废泥浆场内外运输：运距综合考虑	12.32	142.70	33.54	11.92	5.50	205.98	推荐定额：三轴深层搅拌桩（两搅一喷），水泥掺入比18%，材料[04010132]含量为328.86
9	地基处理与边坡支护工程	地基处理	单重管管高压旋喷桩	m³	1. 地层情况：详见地质勘探资料 2. 空桩长度、桩长： 3. 桩截面：φ500mm 4. 注浆类型、方法：旋喷桩采用单管法进行施工 5. 水泥强度等级：桩身水泥掺量120kg/m，水灰比选用0.80～1.20，浆水灰比选用0.80～1.20，固化剂采用强度等级为42.5的水泥	21.19	59.37	30.52	13.44	6.21	130.73	推荐定额：1. 钻孔 2. 单重管高压旋喷桩

（续）

序号	项目类别	项目名称	清单名称	单位	特征描述	人工费/元	材料费/元	机械费/元	管理费/元	利润/元	综合单价/元	推荐执行定额子目
10	地基处理与边坡支护工程	地基处理	双管高压旋喷桩	m³	1. 地层情况：详见地质勘探资料 2. 空桩长度、桩长：有效桩长不小于12m 3. 桩截面：φ500mm 4. 注浆类型、方法：旋喷桩采用双管法进行施工 5. 水泥强度等级：桩身水泥掺量120kg/m，水泥浆水灰比选用0.80～1.20，固化剂采用强度等级为42.5的水泥	26.18	42.18	33.51	15.52	7.16	124.55	推荐定额：1. 钻孔 2. 双重管高压旋喷桩
11	地基处理与边坡支护工程	地基处理	三管高压旋喷桩	m³	1. 地层情况：详见地质勘探资料 2. 空桩长度、桩长：有效桩长不小于12m 3. 桩截面：φ500mm 4. 注浆类型、方法：旋喷桩采用三管法进行施工 5. 水泥强度等级：桩身水泥掺量120kg/m，水泥浆水灰比选用0.80～1.20，固化剂采用强度等级为42.5的水泥	37.97	48.49	74.82	29.33	13.53	204.14	推荐定额：1. 钻孔 2. 三重管高压旋喷桩

序号	分类		项目名称	单位	项目特征						推荐定额
12	地基处理与边坡支护工程	基坑支护	型钢桩（SMW工法桩）	t	1. 送桩深度，桩长：H=12m 2. 规格型号：H500×200×10×16型钢板桩 3. 是否拔出：是	237.29	348.51	364.09	156.36	72.17	1178.42	推荐定额： 1. 深基坑支护打钢板桩桩长<15m 2. 深基坑支护拔钢板桩桩长<15m
13	地基处理与边坡支护工程	基坑支护	打、拔拉森钢板桩	t	1. 桩长：15m长U形拉森钢板桩 2. 板桩厚度：钢板桩铺止至设计深度，支护结束后拔除	86.96	550.52	286.45	97.09	44.81	1065.83	推荐定额： 1. 打拉森钢板桩，一至三类土 2. 拔拉森钢板桩
14	地基处理与边坡支护工程	基坑支护	锚杆（锚索）土层锚杆机械钻孔、注浆，孔径≤150mm	m	预应力旋喷锚索$\phi500$@1600，预应力锚绞线3S15.2（1×7，fpy=1320N/mm²），张拉锚固，锚具采用OVM15-3\锚孔孔深If=6000，Lm=12000，浆液采用P.O 42.5水泥，水灰比1:1，水泥掺入量暂按30%考虑，结算按现场试验结果调整，具体施工工艺满足设计要求及规范要求	34.22	20.23	10.95	11.74	5.42	82.56	推荐定额： 水平成孔锚杆<$\phi150$mm人工主机锚孔深<15m如为垂直成孔时，人工×1.2；一次注浆压力0.4~0.8MPa
15	地基处理与边坡支护工程	基坑支护	喷射混凝土护壁厚100mm	m³	1. 喷射混凝土：C20细石混凝土100mm厚 2. 混凝土制作、运输、喷射 3. $\phi8$@200×200钢筋网制作、安装 4. 护坡上返压顶 5. 边坡处理、监测综合考虑	31.02	98.65	23.25	14.11	6.51	173.54	推荐定额： 1. 挂钢筋网$\phi8$mm 2. 喷射混凝土，护壁厚100mm

走出造价困境——360°成本测算（土建 装饰工程）

（续）

序号	项目类别	清单名称	项目名称	单位	特征描述	人工费/元	材料费/元	机械费/元	管理费/元	利润/元	综合单价/元	推荐执行定额子目
16	地基处理与边坡支护工程	钢筋混凝土支撑（混凝土冠梁、腰梁）	基坑支护	m³	1. C30混凝土 2. 混凝土拌合料的要求：综合各类 3. 具体详见施工图	24.60	460.44	19.23	11.40	5.26	520.93	推荐定额：（C30泵送商品混凝土）基础梁、地坑支撑梁
三、桩基工程												
1	桩基工程	泥浆护壁成孔灌注桩，旋挖钻机钻孔（土孔）直径ϕ800mm以内	灌注桩	m	1. 桩类型：混凝土灌注桩 2. 地层情况：详见地质勘探报告 3. 桩径：ϕ800mm 4. 成孔方法：钻机成孔 5. 护筒类型、长度：投标人自行考虑 6. 泥浆制作、运输、外运排放等，运距自行考计 7. 钢筋笼另计 8. 沉渣清理外运	65.58	286.23	170.18	61.30	28.29	611.58	推荐定额：1. 旋挖钻机钻孔（土孔），直径ϕ800mm以内 2. 土孔使用（C30非泵送商品混凝土） 3. 泥浆运输运距10km，实际运距<5km
2	桩基工程	泥浆护壁成孔灌注桩，旋挖钻机钻孔（土孔）直径ϕ1000mm以内	灌注桩	m	1. 桩类型：混凝土灌注桩 2. 地层情况：详见地质勘探报告 3. 桩径：ϕ1000mm 4. 成孔方法：钻机成孔 5. 护筒类型、长度：投标人自行考虑 6. 泥浆制作、运输、外运排放等，运距自行考计 7. 钢筋笼另计 8. 沉渣清理外运	87.38	429.39	249.36	87.55	40.41	894.09	推荐定额：1. 旋挖钻机钻孔（土孔），直径ϕ1000mm以内 2. 土孔使用（C30非泵送商品混凝土） 3. 泥浆运输运距10km，实际运距<5km

序号	工程	项目名称	项目特征	计量单位	项目特征描述						推荐定额
3	桩基工程	灌注桩	泥浆护壁成孔灌注桩，旋挖钻机钻孔（土孔）直径 φ1200mm 以内	m	1. 桩类型：混凝土灌注桩 2. 地层情况：详见地质勘探报告 3. 桩径：φ1200mm 4. 成孔方法：钻机成孔 5. 护筒类型、长度：投标人自行考虑 6. 泥浆制作、外运排放等，运距自行考虑 7. 钢筋笼另计 8. 沉渣清理外运	110.11	615.49	314.23	110.33	50.92	1201.08	推荐定额： 1. 旋挖钻机钻孔（土孔）直径 φ1200mm 以内 2. 土孔使用 C30 非泵送商品混凝土 3. 泥浆运输运距 <5km，实际运输运距 10km
4	桩基工程	灌注桩	泥浆护壁成孔灌注桩，旋挖钻机钻孔（土孔）直径 φ2000mm 以内	m	1. 桩类型：混凝土灌注桩 2. 地层情况：详见地质勘探报告 3. 桩径：φ2000mm 4. 成孔方法：钻机成孔 5. 护筒类型、长度：投标人自行考虑 6. 泥浆制作、外运排放等，运距自行考虑 7. 钢筋笼另计 8. 沉渣清理外运	245.21	1694.27	663.90	236.37	109.09	2948.84	推荐定额： 1. 旋挖钻机钻孔（土孔）直径 φ2000mm 以内 2. 土孔使用 C30 非泵送商品混凝土 3. 泥浆运输运距 <5km，实际运输运距 10km

（续）

序号	项目类别	项目名称	清单名称	单位	特征描述	人工费/元	材料费/元	机械费/元	管理费/元	利润/元	综合单价/元	推荐执行定额子目
5	桩基工程	灌注桩	长螺旋钻孔灌注桩，桩长<12m	m³	1. 土孔、岩孔综合考虑 2. 长螺旋灌注桩成孔（护筒类型综合考虑） 3. 桩径600mm 4. 泵送C40混凝土，含超灌 5. 设计桩顶标高−2m，自然地面整平标高−0.4m 6. 土壤类别：投标人根据地质勘探报告及现场踏勘后综合考虑 7. 其他：未尽内容详见施工图及桩基工程技术标要求 8. 原土就近打堆	192.40	1176.75	211.73	105.07	48.50	1734.45	推荐定额： 1. 汽车式长螺旋钻孔灌注桩（C30混凝土）桩长<12m 2. 土孔使用（C30非泵送商品混凝土） 3. 混凝土输运距<5km，实际运输20km
6	桩基工程	灌注桩	人工挖孔灌注桩	m³	1. 桩长度：人岩深度为500mm，桩芯长度详见设计图 2. 桩芯直径、扩底直径、扩底高度；桩芯直径1200mm，不扩底 3. 护壁厚度、高度：护壁厚度120mm，单个高度1000mm，其他详见设计图 4. 护壁混凝土种类、强度等级：C20泵送商品混凝土 5. 桩芯混凝土种类、强度等级：C30泵送商品混凝土	486.55	978.83	57.78	141.53	65.32	1730.01	推荐定额： 1. 人工挖井坑土（或强风化泥岩） 2. 人工挖孔灌注混凝土桩（C20混凝土） 3. 人工挖孔井壁灌注混凝土（C30泵送商品混凝土） 4. 现浇混凝土构件钢筋笼

序号	项目名称	名称	项目特征描述	单位						推荐定额
7	桩基工程	预制混凝土桩	预制钢筋混凝土方桩，桩长＜12m 1. 送桩深度，桩长：桩顶标高－2.1m 2. 桩截面：PCS(C3S3)-500(80)B-C60-13a，10，10b 3. 沉桩方法：锤击 4. 接桩方式：焊接法 5. 混凝土强度等级：C60，水灰比≤0.36，抗渗等级不应低于P10 6. 桩尖型号：C 7. 接桩处或外露钢构件的部分，要求表面刷环氧沥青或聚氨酯沥青玻璃布两层且厚度≥1mm	m³	73.64	27.92	144.35	56.68	26.16	328.75	推荐定额： 1. 打预制钢筋混凝土方桩，桩长＜12m 2. 打预制钢筋混凝土方桩送桩，桩长＜12m
8	桩基工程	预制混凝土桩	预制钢筋混凝土方桩，桩长＜18m 1. 送桩深度，桩长：桩顶标高－2.1m 2. 桩截面：PCS(C3S3)-500(80)B-C60-13a，10，10b 3. 沉桩方法：锤击 4. 接桩方式：焊接法 5. 混凝土强度等级：C60，水灰比≤0.36，抗渗等级不应低于P10 6. 桩尖型号：C 7. 接桩处或外露钢构件的部分，要求表面刷环氧沥青或聚氨酯沥青玻璃布两层且厚度≥1mm	m³	47.97	27.92	140.09	48.90	22.57	287.45	推荐定额： 1. 打预制钢筋混凝土方桩，桩长＜18m 2. 打预制钢筋混凝土方桩送桩，桩长＜18m

（续）

序号	项目类别	项目名称	清单名称	单位	特征描述	人工费/元	材料费/元	机械费/元	管理费/元	利润/元	综合单价/元	推荐执行定额子目
9	桩基工程	预制混凝土桩	预制钢筋混凝土方桩，桩长<30m	m³	1. 送桩深度、桩长：桩顶标高-2.1m 2. 桩截面：PCS(C3S)-500(80)B-C60-13a、10、10b 3. 沉桩方法：锤击 4. 接桩方式：焊接法 5. 混凝土强度等级：C60，水灰比≤0.36，抗渗等级不应低于P10 6. 桩尖型号：C 7. 接桩处外露钢构件的部分，要求表面刷环氧沥青或聚氨酯沥青，两层且厚度≥1mm	30.91	27.92	117.17	38.50	17.77	232.27	推荐定额： 1. 打预制钢筋混凝土方桩，桩长<30m 2. 打预制钢筋混凝土方桩送桩，桩长<30m
10	桩基工程	预制混凝土管桩，锤击	预制钢筋混凝土管桩，锤击	m³	1. 管桩选自《JH先张法预应力超高强混凝土管桩》Q/321183 JH005—2020 2. 本工程桩基施工采用锤击 3. 工程桩型号：UHC-600(130)ⅡF-C105-12、12、12 4. 桩顶标高为-6.25m（绝对高程），现有白然地面标高为+5.05m（85高程） 5. 具体做法详见图样 6. 工程桩A（承压）	79.83	32.88	184.92	68.84	31.77	398.24	推荐定额： 1. 打预制离心管桩桩长<24m 2. 打预制管桩送桩桩长<24m 3. 电焊接桩+电焊（注：管桩接桩接点周边设计不用钢板）

序号	工程	项目名称	单位	项目特征							推荐定额
11	桩基工程	预制混凝土桩 预制钢筋混凝土管桩、静压	m³	1. 管桩选自《JH先张法预应力超高强混凝土管桩》Q/321183 JH005—2020 2. 本工程桩基施工采用静压桩 3. 工程桩型号：UHC-600（130）II-C105-12、12、12共84根 4. 桩顶标高为-6.25m（绝对高程），现有自然地面标高为+5.05m（85高程）5. 具体做法详见图样 6. 工程桩桩A（承压）	12.25	5.82	48.30	15.74	7.27	89.38	推荐定额： 1. 静力压预制钢筋混凝土离心管桩，桩长<24m 2. 静力压预制钢筋混凝土离心管桩（空心方桩）桩长在24m以上。3. 电焊接桩，螺栓+电焊（注：管桩接桩不用钢板）点周边设计用钢板
12	桩基工程	截（凿）桩头 截（凿）桩头	m³	截桩	167.86	2.58	0	43.64	20.14	234.22	推荐定额： 人工凿桩头、灌注混凝土桩

四、砌筑工程

序号	工程	项目名称	单位	项目特征							推荐定额
1	砌筑工程	砖砌体 砖胎膜	m³	1. 砖品种、规格、强度等级：MU20混凝土普通砖 2. 砂浆强度等级：Mb10水泥砂浆	98.40	311.53	5.79	27.09	12.50	455.31	推荐定额： 直形砖基础（M5水泥砂浆）换为【混合砂浆 M2.5】砂浆强度等级
2	砌筑工程	砖砌体 混水砖墙实心砖	m³	1. 墙体厚度：100mm 2. 砌块品种、规格、强度等级：混凝土实心砖 3. 砂浆强度等级：混合砂浆 M7.5	127.20	286.71	0.32	33.16	15.30	462.69	推荐定额： 准砖内墙【砂浆换算；混合砂浆 砂浆强度等级 M7.5；砌筑散装干拌】（M7.5混合砂浆）1/2标

（续）

序号	项目类别	清单名称	单位	特征描述	人工费/元	材料费/元	机械费/元	管理费/元	利润/元	综合单价/元	推荐执行定额子目
3	砌筑工程	多孔砖墙	m³	1. 墙体类型：外墙、内墙 2. 砖品种、规格、强度等级：烧结页岩多孔砖 3. 墙体厚度：240mm 4. 砂浆强度等级、配合比：混合砂浆 M7.5	97.58	206.72	4.46	26.53	12.24	347.53	推荐定额：（M5 混合砂浆）KPI 多孔砖墙 240mm×115mm×90mm 砖换为【混合砂浆，砂浆强度等级 M7.5】
4	砌筑工程	蒸压加气混凝土砌块外墙	m³	1. 砌块品种、规格、强度等级：蒸压砂加气混凝土砌块 A5.0 2. 墙体类型：外墙 3. 砂浆强度等级：Ma5.0 专用砂浆 4. 砌块容重限值满足图样要求	86.92	357.76	2.29	23.19	10.71	480.87	推荐定额：（M5 混合砂浆）普通砂浆砌筑加气混凝土砌块墙 200mm 厚（用于无水房间，底无混凝土坎台）
5	砌筑工程	轻骨料混凝土小型空心砌块墙	m³	1. 砌块品种、规格、强度等级：MU10 轻骨料混凝土小型空心砌块 2. 墙体类型：外墙，墙厚 250mm 3. 砂浆强度等级：M5 混合砂浆	92.66	264.01	2.05	24.62	11.37	394.71	推荐定额：（M5 混合砂浆）轻骨料混凝土小型空心砌块墙厚 240mm 换为【混合砂浆，砂浆强度等级 M5】[干拌]

序号	分部分项	项目名称	项目特征	单位						推荐定额
6	砌筑工程	砌块砌体 零星砌砖	1. 零星砌砖 2. M5混合砂浆砌筑	m³	177.67	370.59	0.34	46.28	21.36	616.24	推荐定额:（M5混合砂浆）标准砖零星砌砖【砂浆换算：混合砂浆，砂浆强度等级M5；砌筑散装干拌】
五、混凝土及钢筋混凝土工程										
1	混凝土及钢筋混凝土工程	垫层	1. 混凝土种类：商品混凝土 2. 混凝土强度等级：C15	m³	39.36	433.86	12.54	13.49	6.23	505.48	推荐定额:（C15泵送商品混凝土）基础无筋混凝土垫层
2	混凝土及钢筋混凝土工程	满堂基础	1. 混凝土种类：预拌商品混凝土 2. 混凝土强度等级：C35P6 3. 满堂基础，含柱墩，集水坑、基坑等 4. 混凝土中掺微膨胀抗裂剂	m³	19.68	478.64	12.20	8.29	3.83	522.64	推荐定额:（C20泵送商品混凝土）无梁式满堂（板式）基础 换为【预拌防水混凝土 P6（泵送型）C35】
3	混凝土及钢筋混凝土工程	矩形柱	1. 混凝土种类：商品混凝土 2. 混凝土强度等级：C30 3. 柱截面周长在2.5m以内	m³	157.44	511.40	10.30	43.61	20.13	742.88	推荐定额:（C30混凝土）矩形柱
4	混凝土及钢筋混凝土工程	矩形梁	1. 混凝土种类：商品混凝土 2. 混凝土强度等级：C40 3. 支模高度：3.6m以内	m³	45.92	486.81	19.23	16.94	7.82	576.72	推荐定额:（C30泵送商品混凝土）单梁框架连续梁 换为【C40预拌混凝土（泵送）】

（续）

序号	项目类别	项目名称	清单名称	单位	特征描述	人工费/元	材料费/元	机械费/元	管理费/元	利润/元	综合单价/元	推荐执行定额子目
5	混凝土及钢筋混凝土工程	混凝土工程	直形墙	m³	1. 混凝土强度等级：C35 泵送商品混凝土 2. 排风井、进风井、采光井等 3. 具体要求详见图样	128.74	525.36	10.30	36.15	16.68	717.23	推荐定额：（C30 混凝土）地面以上直（圆）形墙厚在200mm以外 换为【C35 混凝土 20mm 坍落度35～50mm】
6	混凝土及钢筋混凝土工程	混凝土工程	有梁板	m³	有梁板厚度200mm以内：1. 混凝土种类：商品混凝土 2. 混凝土强度等级：C30	36.08	465.79	19.63	14.48	6.69	542.67	推荐定额：（C30 泵送商品混凝土）有梁板
7	混凝土及钢筋混凝土工程	混凝土工程	直形楼梯	m²	1. 混凝土种类：泵送商品混凝土 2. 混凝土强度等级：C35	12.63	89.62	6.46	4.96	2.29	115.96	推荐定额：（C35 泵送商品混凝土）现浇楼梯直形（泵送商品混凝土）
8	混凝土及钢筋混凝土工程	混凝土二次结构	散水、坡道	m²	1. 明沟 2. 铸铁箅子盖板	27.19	144.42	1.21	7.38	3.41	183.61	推荐定额：1. 水泥砂浆楼地面厚20mm 2. 标准砖明沟 3. 地沟、雨水口铸铁篦盖安装
9	混凝土及钢筋混凝土工程	混凝土二次结构	台阶	m²	1. 台阶详12J003-B1-1A 2. 混凝土台阶 3. 详细做法见图集	20.34	74.15	2.55	5.95	2.75	105.74	推荐定额：（C20 混凝土）台阶

序号	专业	分项	子项	单位	项目特征							推荐定额
10	混凝土及钢筋混凝土工程	混凝土二次结构	扶手、压顶	m³	1. 混凝土种类：商品混凝土 2. 混凝土强度等级：C20	101.68	453.63	0	26.44	12.20	593.95	推荐定额：（C20 非泵送商品混凝土）压顶
11	混凝土及钢筋混凝土工程	零星项目及其他	对拉螺栓孔洞封堵	m³	1. 名称：孔洞封堵 2. 部位：穿楼板	3.38	0.29	0	0.88	0.41	4.96	推荐定额：对拉螺栓孔洞封堵
12	混凝土及钢筋混凝土工程	零星项目及其他	垃圾道、通风道、烟道	m³	厨房排气道选用龙06J814图集，型号选用PCHJ30，排气道断面尺寸为600mm×400mm	173.84	528.57	47.56	57.56	26.57	834.10	推荐定额：（C30 混凝土）加工厂预制烟道通风道
13	混凝土及钢筋混凝土工程	钢筋工程	现浇构件钢筋	t	钢筋种类、规格：φ12mm 以内	885.60	4178.61	73.28	249.31	115.07	5501.87	推荐定额：现浇混凝土构件钢筋，直径φ12mm 以内
14	混凝土及钢筋混凝土工程	钢筋工程	现浇构件钢筋	t	钢筋种类、规格：φ25mm 以内 三级	523.98	4193.53	73.59	155.37	71.71	5018.18	推荐定额：现浇混凝土构件钢筋，直径φ25mm 以内
15	混凝土及钢筋混凝土工程	钢筋工程	现浇构件钢筋	t	钢筋种类、规格：φ25mm 以外 三级	431.32	4201.00	54.66	126.35	58.32	4871.65	推荐定额：现浇混凝土构件钢筋，直径φ25mm 以外
16	混凝土及钢筋混凝土工程	钢筋工程	钢筋网片	m³	楼梯间内墙面钢丝网满挂	5.33	10.21	0.37	1.48	0.68	18.07	推荐定额：热镀锌钢丝网

（续）

序号	项目类别	项目名称	清单名称	单位	特征描述	人工费/元	材料费/元	机械费/元	管理费/元	利润/元	综合单价/元	推荐执行定额子目
17	混凝土及钢筋混凝土工程	钢筋工程	预埋铁件	t	钢平台处预埋件	4227.92	4945.13	1032.98	1367.83	631.31	12205.17	推荐执行定额：1. 铁件制作 2. 铁件安装
18	混凝土及钢筋混凝土工程	二次结构	植筋	根	混凝土内植结构筋，钢筋直径 HRB400-6	1.72	0.29	0.08	0.47	0.22	2.78	推荐定额：混凝土内植拉结筋，钢筋直径 φ6mm 以内
19	混凝土及钢筋混凝土工程	二次结构	植筋	根	混凝土内植结构筋，钢筋直径 HRB400-8	1.97	0.38	0.09	0.54	0.25	3.23	推荐定额：混凝土内植拉结筋，钢筋直径 φ8mm 以内
20	混凝土及钢筋混凝土工程	二次结构	植筋	根	混凝土内植结构筋，钢筋直径 HRB400-10	3.44	0.87	0.14	0.93	0.43	5.81	推荐定额：混凝土内植拉结筋，钢筋直径 φ10mm 以内
21	混凝土及钢筋混凝土工程	二次结构	植筋	根	混凝土内植结构筋，钢筋直径 HRB400-12	5.66	1.40	0.21	1.53	0.70	9.50	推荐定额：混凝土内植拉结筋，钢筋直径 φ12mm 以内
22	混凝土及钢筋混凝土工程	二次结构	植筋	根	混凝土内植结构筋，钢筋直径 HRB400-14	6.81	1.76	0.39	1.87	0.86	11.69	推荐定额：混凝土内植拉结筋，钢筋直径 φ14mm 以内

序号	工程分类	项目名称	单位	项目特征							推荐定额
23	混凝土及钢筋混凝土工程	二次结构	机械连接	个	连接方式：φ25mm 以内机械连接	4.59	2.03	0.05	1.21	0.56	8.44	推荐定额：直螺纹接头 φ25mm 以内
24	混凝土及钢筋混凝土工程	零星项目及其他	钢筋电渣压力焊接头	个	钢筋电渣压力焊接头	2.54	0.73	1.79	1.13	0.52	6.71	推荐定额：电渣压力焊
25	混凝土及钢筋混凝土工程	零星项目及其他	屋面变形缝	m	止水带材料种类：钢板	23.70	44.81	0.91	6.40	2.95	78.77	推荐定额：地下室底板、墙止水带钢板

六、金属结构工程

| 1 | 金属结构工程 | 金属扶手、栏杆、栏板 | 金属扶手、栏杆、栏板 | m | 900mm 高窗台防护栏杆，做法参 15J403-1 PA1/D13 | 56.44 | 142.56 | 2.50 | 15.32 | 7.07 | 223.89 | 推荐定额：铝合金扁管扶手，铝合金、栏杆 |

七、门窗工程

1	门窗工程	金属窗	铝合金固定窗	m²	90 系铝合金窗 固定窗 制作安装 普通铝型材	51.09	252.90	1.79	13.75	6.35	325.88	推荐定额：固定窗制作安装，普通铝型材
2	门窗工程	金属窗	隔热断桥铝合金普通窗	m²	隔热断桥铝合金 普通窗安装	51.09	316.81	1.79	13.75	6.35	389.79	推荐定额：固定窗制作安装，断桥隔热铝型材
3	门窗工程	金属窗	塑钢成品窗	m²	塑钢推拉窗，合页、门锁、拉手等相关配件	37.23	589.44	1.46	10.06	4.64	642.83	推荐定额：塑钢窗安装

（续）

序号	项目类别	项目名称	清单名称	单位	特征描述	人工费/元	材料费/元	机械费/元	管理费/元	利润/元	综合单价/元	推荐执行定额子目
4	门窗工程	金属窗	金属百叶窗	m²	窗代号及洞口尺寸：百叶窗	25.50	215.49	1.98	7.14	3.30	253.41	推荐定额：铝合金窗、百页窗安装
5	门窗工程	金属门	金属(塑钢)门	m²	门框、扇材质：塑钢	81.77	369.86	2.16	21.82	10.07	485.68	推荐定额：平开门制作安装，普通铝型材
6	门窗工程	金属门	隔热断桥铝合金门安装	m²	1.固定扇 2.门框、扇材质：隔热断桥铝 3.玻璃品种、厚度：6Low-E玻璃+12氩气+6透明 4.其他详见大样图及图样说明	81.77	414.47	2.16	21.82	10.07	530.29	推荐定额：平开门制作安装，断热隔桥铝型材
7	门窗工程	门窗套	成品门套，不锈钢门套	m²	电梯不锈钢门门套：1.基层材料种类、规格：9mm厚镁板 2.面层材料品种、规格、颜色：1.2mm厚哑光304拉丝不锈钢 3.具体做法及要求详见图样 4.清单量为不锈钢展开面积 5.所有隐蔽部分的夹板及木方均需涂刷防火漆以满足消防要求	57.72	259.43	0.67	15.18	7.01	340.01	推荐定额：1.柱、梁面细木工板基层、钉在木楞上 2.不锈钢饰面板、柱、梁 3.刷防火涂料二遍，其他木材面

序号	工程类别	项目名称	单位	项目特征描述							推荐定额
8	门窗工程	窗台板 石材窗台板	m²	1. 粘结层厚度、砂浆配合比：AB胶 2. 窗台板材质、规格、颜色：大理石窗台板 3. 石材防护、磨边及倒角等 4. 成品保护等一切工作内容	172.55	266.54	0	44.86	20.71	504.66	推荐定额：吧台石材面板
八、屋面及防水工程											
1	屋面及防水工程	屋面工程 屋面水泥砂浆找平层	m²	20mm厚1:3水泥砂浆找平层	5.16	7.32	0.48	1.47	0.68	15.11	推荐定额：找平层、水泥砂浆（厚20mm），混凝土或硬基层上。
2	屋面及防水工程	屋面工程 瓦屋面	m²	1. 蓝灰色陶土瓦 2. 挂瓦条130×4，中距按瓦材规格 3. 顺水条-25×5，中距600mm 4. 40mm厚C20细石混凝土找平层（内配φ4@150×150钢筋网与屋面板预埋φ10mm钢筋头绑牢） 5. 15mm厚1:3水泥浆料砂浆找平层 6. 现浇钢防混凝土屋面板φ10@900×900（钢筋头伸出保温层30mm） 7. 其他：按图样、规范要求完成本项目的其他一切相关工作，具体描述不清时详见图样	26.95	85.17	0.85	7.23	3.34	123.54	推荐定额：1. 混凝土斜屋面上上钉挂瓦条、顺水条 2. 瓦屋面及彩钢板屋面铺黏土瓦，铺在挂瓦条上 水泥砂浆比【砂浆换算；水泥砂浆干拌】例1:2.5；地面散装干拌 3. 非泵送预拌细石混凝土刚性防水屋面有分格缝40mm厚 4. 找平层、水泥砂浆（厚20mm），混凝土或硬基层上，实际厚度15mm【砂浆换算；水泥砂浆干拌】例1:3；地面散装干拌 5. 现浇混凝土构件作钢筋，直径φ12mm以内

（续）

序号	项目类别	项目名称	清单名称	单位	特征描述	人工费/元	材料费/元	机械费/元	管理费/元	利润/元	综合单价/元	推荐执行定额子目
3	屋面及防水工程	卷材防水	单层 APP 改性沥青防水卷材（热熔条铺法）	m²	1. 做法：单层 APP 防水卷材，四周上翻 50cm 热熔满铺 2. 部位：屋面等 3. 包括材料采购、运输、铺贴、养护等所有工作内容	4.92	45.19	0	1.28	0.59	51.98	推荐定额：单层 APP 改性沥青防水卷材（热熔条铺、点铺满铺法）
4	屋面及防水工程	卷材防水	双层 APP 改性沥青防水卷材（热熔条铺、点铺法）	m²	1. 做法：双层 APP 防水卷材，四周上翻 50cm 热熔条铺、点铺 2. 部位：屋面等 3. 包括材料采购、运输、铺贴、养护等所有工作内容	7.71	81.42	0	2.00	0.93	92.06	推荐定额：双层 APP 改性沥青防水卷材（热熔条铺、点铺满铺法）
5	屋面及防水工程	卷材防水	单层 SBS 改性沥青防水卷材（热熔满铺法）	m²	1. 做法：单层 SBS 改性沥青防水卷材，热熔满铺 2. 包括材料采购、运输、铺贴、养护等所有工作内容	5.99	30.24	0	1.56	0.72	38.51	推荐定额：单层 SBS 改性沥青防水卷材（热熔满铺法）
6	屋面及防水工程	卷材防水	双层 SBS 改性沥青防水卷材（热熔满铺法）	m²	1. 做法：双层 SBS 改性沥青防水卷材，热熔满铺 2. 包括材料采购、运输、铺贴、养护等所有工作内容	7.95	54.42	0	2.07	0.95	65.39	推荐定额：双层 SBS 改性沥青防水卷材（热熔满铺法）

序号	工程	分类	项目名称	单位	做法							推荐定额
7	屋面及防水工程	卷材防水	耐根穿刺复合铜胎基改性沥青卷材	m²	4mm厚SBS改性沥青卷材防水层（耐根穿刺）	5.99	55.34	0	1.56	0.72	63.61	推荐定额：4mm厚SBS改性沥青防水耐根穿刺卷材，平面（热熔满铺法）
8	屋面及防水工程	卷材防水	高聚物改性沥青卷材，自粘法一层，平面	m²	卷材品种、规格、厚度：高聚物改性沥青自粘卷材，自粘法一层，平面	2.83	31.89	0	0.74	0.34	35.80	推荐定额：高聚物改性沥青自粘卷材，自粘法一层，平面
9	屋面及防水工程	卷材防水	高分子自粘胶膜卷材，自粘法一层，平面	m²	1. 1.2mm厚高分子自粘胶膜防水卷材 2. 包括材料采购，运输，养护等所有工作内容	3.92	48.95	0	1.02	0.47	54.36	推荐定额：高分子自粘胶膜卷材，自粘法一层，平面
10	屋面及防水工程	涂膜防水	涂料防水，聚氨酯防水涂膜	m²	1.5mm厚聚氨酯复合防水涂膜	10.5	64.28	0	2.73	1.26	78.77	推荐定额：聚氨酯防水层2mm厚
11	屋面及防水工程	涂膜防水	聚合物水泥（JS）防水涂料	m²	1. 2.0mm厚聚合物水泥防水涂料（I型）2. 含上翻 3. 所有材料及工艺必须满足图样及规范要求	5.99	23.02	0	1.56	0.72	31.29	推荐定额：聚合物水泥防水涂料，一布四涂
12	屋面及防水工程	涂膜防水	水泥基渗透结晶型涂料	m²	5mm厚JS-II型水泥基防水涂料	0.41	6.99	0.08	0.13	0.06	7.67	推荐定额：水泥基渗透结晶防水材料，每增（减）0.5mm厚

（续）

序号	项目类别	项目名称	清单名称	单位	特征描述	人工费/元	材料费/元	机械费/元	管理费/元	利润/元	综合单价/元	推荐执行定额子目
13	屋面及防水工程	涂膜防水	桩头防水	m²	1. 刷基底处理剂一遍 2. 桩头立面水泥基渗透结晶型涂料防水层（厚2mm） 3. 平面、立面综合考虑 4. 施工损耗、附加强层及加强层层在综合单价中考虑 5. 按桩头平面面积计算	2.46	30.50	0.34	0.73	0.34	34.37	推荐定额：水泥基渗透结晶型防水材料2~3遍（厚2mm）
14	屋面及防水工程	变形缝	变形缝、铜板	m²	1. 地面变形缝 2. 详见图样	3.77	25.48	0	0.98	0.45	30.68	推荐定额：地面变形缝，缝宽50mm以内，铜板5mm厚

九、保温、隔热、防腐工程

序号	项目类别	项目名称	清单名称	单位	特征描述	人工费/元	材料费/元	机械费/元	管理费/元	利润/元	综合单价/元	推荐执行定额子目
1	保温、隔热、防腐工程	保温工程	保温隔热屋面XPS	m²	1. 屋面 2. 75mm厚XPS挤塑聚苯板（燃烧性能B2级），专用砂浆粘接	6.56	51.17	0	1.71	0.79	60.23	推荐定额：屋面、楼地面保温隔热XPS挤塑聚苯板（厚75mm）
2	保温、隔热、防腐工程	保温工程	保温隔热墙面EPS	m²	憎水性岩棉板A级、EPS模塑聚苯板B1级、复合发泡水泥板A级	6.56	17.39	0	1.71	0.79	26.45	推荐定额：屋面、楼地面保温隔热热聚苯乙烯挤塑板（厚100mm）

序号	分部工程	子目	项目名称	单位	工程内容						推荐定额
3	保温、隔热、防腐工程	保温工程	外墙保温一体板，挤塑板	m²	1. 独立柱装饰 2. 20mm厚水泥砂浆压入增强耐碱玻璃纤网格布 3. 15mm厚专用粘结砂浆 4. 保温装饰一体板（饰面层为真石漆，保温芯材为150mm厚JY热固复合聚苯板） 5. 连接扣件 6. 锚固件 7. 聚乙烯压条（硅酮密封胶嵌缝）	31.16	306.92	0.74	8.29	3.83	350.94	推荐定额： 1. 保温装饰一体板 2. 砖墙面外墙抹水泥砂浆 3. 墙面耐碱玻璃纤网格布一层
4	保温、隔热、防腐工程	保温工程	胶粉聚苯颗粒保温砂浆，外墙保温	m²	1. 保温隔热部位：外墙内侧面 2. 保温隔热方式：内墙保温 3. 保温隔热材料品种、规格及厚度：30mm厚无机轻骨料保温砂浆B型，燃烧性能A级 4. 基层材料种类及做法：界面剂一道，界面砂浆 5. 抗裂砂浆及网格布：5mm厚聚合物抹面抗裂砂浆加耐碱玻璃纤网格布	17.88	39.08	0.91	4.89	2.25	65.01	推荐定额： 1. 抗裂砂浆抹面4mm（网格布） 2. 墙面耐碱玻璃纤网格布一层 3. 外墙苯颗粒保温砂浆（厚25mm），砖墙面、混凝土及砌块墙面，实际厚度30mm

（续）

序号	项目类别	项目名称	清单名称	单位	特征描述	人工费/元	材料费/元	机械费/元	管理费/元	利润/元	综合单价/元	推荐执行定额子目
5	保温、隔热、防腐工程	保温工程	膨胀玻化微珠保温砂浆、外墙内保温	m²	AJ膨胀玻化微珠保温砂浆（p=300）（分两次抹灰）[玻化微珠干粉混合料：水=1:0.85~1.1（重量比）]	44.88	148.99	0.37	11.77	5.43	211.44	推荐定额：JQK复合轻质保温隔热砖、复合玻化微珠保温板、燃烧性能A级、水泥砂浆
6	保温、隔热、防腐工程	保温工程	无机纤维矿棉喷涂、地下室顶板保温	m²	1. 部位：地下室 2. 喷50mm厚A级硬质矿物纤维吸声涂料，喷涂后表面压浆，保证通透性	19.12	54.02	0	4.97	2.29	80.40	推荐定额：天棚、超细无机纤维厚度50mm
7	保温、隔热、防腐工程	保温工程	岩棉板	m²	1. 9mm厚专用水泥砂浆打底扫毛或划出纹道 2. 5mm厚抗裂砂浆，耐碱玻纤网格布二层，专用锚固件固定 3. 保温层，上下刷界面剂一道，90mm厚岩棉板	24.60	84.85	0.74	6.59	3.04	119.82	推荐定额：外墙外保温岩棉，厚度25mm，砖端面，实际厚度90mm

十、楼地面装饰工程

序号	项目类别	项目名称	清单名称	单位	特征描述	人工费/元	材料费/元	机械费/元	管理费/元	利润/元	综合单价/元	推荐执行定额子目
1	楼地面装饰工程	找平层	水泥压光地面	m²	1. 砂浆配合比：1:3 水泥砂浆 2. 面层做法要求：压光	7.38	9.08	0.48	2.04	0.94	19.92	推荐定额：水泥砂浆，楼地面厚20mm 换为【水泥砂浆，比例1:3】

序号	分部工程		项目	单位	项目特征							推荐定额
2	楼地面装饰工程	找平层	楼地面找平水泥砂浆	m²	找平层厚度，砂浆配合比：水泥砂浆1:3	5.49	8.93	0.48	1.55	0.72	17.17	推荐定额：找平层，水泥砂浆（厚20mm），混凝土或硬基层上。
3	楼地面装饰工程	找平层	细石、陶粒混凝土垫层	m²	找平层厚度，砂浆配合比：厚40mm	6.89	18.12	0.45	1.91	0.88	28.25	推荐定额：找平层，细石混凝土厚40mm
4	楼地面工程	找平层	车库地坪	m²	1. 20mm厚DS砂浆抹面压光 2. 刷素水泥浆结合层一道 3. C20细石混凝土找坡1% 4. 现浇钢筋防混凝土楼面	16.56	32.13	1.04	4.58	2.11	56.42	推荐定额：1. 找平层，细石混凝土厚40mm，实际厚度50mm 2. 刷素水泥浆 3. 水泥砂浆，楼地面厚20mm
5	楼地面装饰工程	找平层	车库坡道	m²	50mm厚C20细石混凝土，表面抹出95mm宽，深锯齿形表面	36.65	45.67	1.69	9.97	4.60	98.58	推荐定额：1. 找平层，细石混凝土厚40mm，实际厚度50mm 2. 水泥砂浆搭坡，做在地面混凝土斜坡或做钢筋混凝土斜坡上 3. 水泥砂浆，楼地面厚20mm

（续）

序号	项目类别	项目名称	清单名称	单位	特征描述	人工费/元	材料费/元	机械费/元	管理费/元	利润/元	综合单价/元	推荐执行定额子目
6	楼地面装饰工程	块料面层	楼地面陶瓷地砖	m²	1. 除卫生间以外地面 2. 8~10mm厚地砖（800mm×800mm）铺实拍平，水泥浆擦缝或1:1水泥砂浆填缝 3. 20mm厚1:4干硬性水泥砂浆 4. 最薄处15mm厚1:3水泥砂浆或30mm厚C20细石混凝土找平 5. 80mm厚C15混凝土 6. 素土夯实 7. 做法详见11ZJ001地202	41.20	102.42	1.89	11.2	5.17	161.88	推荐定额： 1. 原土打底夯，地面垫层（C15混凝土），不分格 2. 找平层，水泥砂浆或硬基层上，实际厚度15mm 3. 找平层（厚20mm），混凝土或硬基层上 4. 楼地面砖，单块0.4m²以外地砖，干硬性水泥砂浆粘贴
7	楼地面装饰工程	块料面层	楼地面铺砖，波导线	m²	1. 600mm×600mm浅色光面仿石材瓷砖（颜色深一度） 2. 30mm厚1:3干硬性水泥砂浆找平层 3. 10mm厚素水泥膏粘结贴地砖	33.63	68.39	1.36	9.10	4.20	116.68	推荐定额： 1. 楼地面砖，干硬性水泥砂浆内地砖粘贴 2. 找平层，水泥砂浆（厚20mm），混凝土或硬基层上

序号			项目名称	项目特征	单位							推荐定额
8	楼地面装饰工程	块料面层	楼地面铺地砖 过门石	1. 部位：盥洗间、开水间过门石 2. 规格、材质：18mm厚黑金沙大理石门槛 3. 利用原来基层 4. 粘接层：10mm厚1:1素水泥浆粘接 5. 石材材料切割、倒边、开洞、开槽、防护等	m²	37.79	295.99	1.44	10.2	4.71	350.13	推荐定额： 1. 石材块料面板干硬性水泥砂浆楼地面 2. 找平层，水泥砂浆（厚20mm），混凝土或硬基层上，换为【干硬性水泥浆】
9	楼地面装饰工程	块料面层	楼梯面陶瓷地砖	1. 8~10mm厚防滑地砖，干水泥擦缝 2. 30mm厚1:3干硬性水泥砂浆结合层	m²	72.93	60.10	1.38	19.32	8.92	162.65	推荐定额： 楼梯单块0.4m²以内，水泥砂浆粘贴
10	楼地面装饰工程	块料面层	楼梯台阶铺贴，天然石材	面层材料品种、规格、颜色：地面大理石	m²	55.17	241.44	1.36	14.70	6.78	319.45	推荐定额： 石材块料面板干硬性水泥砂浆楼梯
11	楼地面装饰工程	块料面层	地面碎拼石材铺贴	1. 结合层厚度、砂浆配合比：30mm厚1:3水泥砂浆 2. 面层材料品种、规格、颜色：锈石碎拼	m²	44.97	253.85	2.28	12.29	5.67	319.06	推荐定额： 多色简单图案拼贴石材块料面板，干硬性水泥砂浆粘贴

（续）

序号	项目类别	项目名称	清单名称	单位	特征描述	人工费/元	材料费/元	机械费/元	管理费/元	利润/元	综合单价/元	推荐执行定额子目
12	楼地面装饰工程	块料面层	楼地面铺贴、木地板拼花铺	m²	1. M6 膨胀螺栓，4mm 厚钢板预埋件，50mm × 50mm × 4mm 镀锌方钢，双层 12mm 厚防火阻燃板，3mm 厚防震胶垫 2. 面层 155mm × 2000 mm × 14mm 实木复合地板（WF-02） 3. 工程量按展开面积计算	66.17	148.10	1.05	17.48	8.07	240.87	推荐定额： 1. 找平层，水泥砂浆（厚 20mm），混凝土或硬基层上，实际厚度：30mm 2. 自流平地面，复合砂浆 3. 硬木拼花地板，粘贴在水泥地面上，平口
13	楼地面装饰工程	块料面层	楼地面铺贴、木地板满铺	m²	1. M6 膨胀螺栓，4mm 厚钢板预埋件，50mm × 50mm × 4mm 镀锌方钢，双层 12mm 厚防火阻燃板，3mm 厚防震胶垫 2. 面层 155mm × 2000 mm × 14mm 实木复合地板（WF-02） 3. 工程量按展开面积计算	23.5	285.62	1.05	6.38	2.95	319.50	推荐定额： 1. 找平层，水泥砂浆（厚 20mm），混凝土或硬基层上，实际厚度 30mm 2. 自流平地面，复合砂浆 3. 复合木地面，拼装
14	楼地面装饰工程	块料面层	木质踢脚板	m	1. 踢脚板高度：100mm 2. 面层材料品种、规格、颜色：木质踢脚板	3.91	8.83	0.11	1.05	0.48	14.38	推荐定额：硬木踢脚板，制作安装

序号	工程	面层	项目名称	单位	项目特征							推荐定额
15	楼地面装饰工程	块料面层	石材踢脚板	m	1. 踢脚板高度：100mm 2. 面层材料品种、规格、颜色：20mm厚花岗岩石材踢脚板	5.78	34.91	0.11	1.53	0.71	43.04	推荐定额：石材块料面板水泥砂浆踢脚板
16	楼地面装饰工程	块料面层	金属踢脚板	m	1. 踢脚板高度：100mm 2. 面层材料品种、规格、颜色：不锈钢金属踢脚板	5.53	21.69	0.29	1.51	0.70	29.72	推荐定额：成品不锈钢镜面踢脚板
17	楼地面装饰工程	块料面层	块料踢脚板	m	1. 踢脚板高度：100mm 2. 粘贴层材料种类：水泥砂浆粘结合层 3. 面层材料品种、规格、颜色：地砖踢脚板	7.23	6.60	0.11	1.91	0.88	16.73	推荐定额：缸砖踢脚板，水泥砂浆粘贴
18	楼地面装饰工程	整体面层	金刚砂耐磨楼地面	m²	1. 金刚砂耐磨地平产品 5kg/m² 2. 120mm厚 C30混凝土层，内配 φ8@150 双向钢筋 3. 300mm厚碎石 4. 素土夯实	25.96	147.59	4.17	7.83	3.62	189.17	推荐定额：1. (C15 泵送商品混凝土）基础无筋混凝土垫层，换为【C30 预拌混凝土（泵送)】 2. 垫层、碎石、干铺 3. 金刚砂耐磨地坪 2.5mm厚
19	楼地面装饰工程	整体面层	环氧地坪	m²	1. 环氧树脂底料 0.3mm 2. 环氧树脂砂浆 4mm	26.16	44.36	0	6.80	3.14	80.46	推荐定额：环氧砂浆，厚 5mm，实际厚度 4mm
20	楼地面装饰工程	整体面层	环氧自流平	m²	找平层厚度，混凝土强度等级、综合考虑；面层材料种类：2mm 环氧树脂白流平	4.92	24.94	0.62	1.44	0.66	32.58	推荐定额：白流平地面，环氧树脂

（续）

序号	项目类别	项目名称	清单名称	单位	特征描述	人工费/元	材料费/元	机械费/元	管理费/元	利润/元	综合单价/元	推荐执行定额子目
21	楼地面装饰工程	整体面层	PVC地板	m²	1. 粘结层厚度、材料种类：塑胶地板胶粘剂 2. 面层材料品种、规格、颜色：PVC地板	19.76	119.27	0	5.14	2.37	146.54	推荐定额：PVC地板
22	楼地面装饰工程	整体面层	防静电活动地板	m²	1. 250mm高架空防静电活动地板 2. 20mm厚1:2.5水泥砂浆，压实赶光 3. 防水层清单另列 4. 20mm厚1:3水泥砂浆找平层 5. 水泥浆一道（内掺建筑胶） 6. 钢筋混凝土板，结构板面清扫干净 7. 部位：中控室楼面	72.92	333.68	1.42	19.33	8.92	436.27	推荐定额：1. 抗静电活动地板，钢质 2.（水泥砂浆、比例1:2.5）水泥砂浆楼地面厚20mm 3.（水泥砂浆、比例1:3）水泥砂浆找平层（厚20mm），混凝土或硬基层上 4. 混凝土楼地面涂刷一遍901胶素水泥浆
23	楼地面装饰工程	回填	回填方、房心回填、灰土垫层	m²	1. 密实度要求：夯填 2. 填方材料品种：灰土	20.02	108.23	0.63	5.37	2.48	136.73	推荐定额：回填土夯填地面
24	楼地面装饰工程	回填	回填方、房心回填、碎石	m²	1. 密实度要求：夯填 2. 填方材料品种：碎石	20.02	205.40	0.63	5.37	2.48	233.90	推荐定额：回填土夯填地面，换为【碎石5~20mm】

十一、墙柱面装饰与隔断、幕墙工程

序号	项目类别	项目名称	清单名称	单位	特征描述	人工费/元	材料费/元	机械费/元	管理费/元	利润/元	综合单价/元	推荐执行定额子目
1	墙柱面装饰与隔断、幕墙工程	墙面抹灰	墙面一般抹灰，水泥砂浆	m²	1. 墙体类型：内墙 2. 面层厚度、砂浆配合比：水泥砂浆1:3 3. 装饰面材料种类：水泥砂浆	11.97	9.83	0.53	3.25	1.50	27.08	推荐定额：砖墙内墙抹水泥砂浆

序号	分部	项目名称	内容	单位	项目特征							推荐定额
2	墙柱面装饰与隔断、幕墙工程	墙面抹灰	墙面一般抹灰、粉刷石膏	m²	1. 墙体类型：内墙 2. 面层厚度、砂浆配合比：水泥砂浆1:2.5 3. 装饰面材料种类：粉刷石膏	11.97	19.75	0.37	3.21	1.48	36.78	推荐定额：内墙面，加气混凝土墙轻质板墙，石膏砂浆20mm厚
3	墙柱面装饰与隔断、幕墙工程	墙面抹灰	墙面挂网抹灰	m²	1. 部位：墙面 2. 挂网：钢丝网 3. 面层材料品种、规格、颜色：水泥砂浆墙面一般抹灰14mm+6mm	17.30	20.04	0.90	4.73	2.18	45.15	推荐定额： 1. 热镀锌钢丝网 2. 砖墙内墙抹水泥砂浆
4	墙柱面装饰与隔断、幕墙工程	墙面块料面层	石材墙面、墙面块料面层，粘贴石材，预拌砂浆	m²	1. 墙体类型：混凝土 2. 安装方式：粘贴 3. 面层材料品种、规格、颜色：大理石	55.25	232.87	0.69	14.54	6.71	310.06	推荐定额：水泥砂浆粘贴石材块料面板，混凝土墙面
5	墙柱面装饰与隔断、幕墙工程	墙面块料面层	无龙骨挂贴石材	m²	1. 墙体类型：砖墙 2. 安装方式：挂贴 3. 面层材料品种、规格、颜色：大理石	55.76	258.13	1.70	14.94	6.90	337.43	推荐定额：挂贴石材块料面板，灌缝砂浆50mm厚，砖墙
6	墙柱面装饰与隔断、幕墙工程	墙面块料面层	块料墙面、墙面块料面层，瓷砖铺贴	m²	1. 墙体类型：内墙面 2. 安装方式：粘贴 3. 面层材料品种、规格、颜色：陶瓷锦砖	50.92	237.56	0.65	13.41	6.19	308.73	推荐定额：单块面积0.18m²以上墙砖，砂浆粘贴，墙面
7	墙柱面装饰与隔断、幕墙工程	墙面块料面层	洗手台石材安装	m²	1. 18mm阻燃板基层 2. 15mm石英石饰面	183.6	301.09	0.04	47.75	22.04	554.52	推荐定额： 1. 柱，梁面阻燃板基层钉在龙骨上。 2. 石材面板

（续）

序号	项目类别	项目名称	清单名称	单位	特征描述	人工费/元	材料费/元	机械费/元	管理费/元	利润/元	综合单价/元	推荐执行定额子目
8	墙柱面装饰与隔断、幕墙工程	墙面块料面层	石材干挂	m²	1. 墙体类型：混凝土 2. 安装方式：干挂 3. 面层材料品种、规格、颜色：大理石	102.18	346.52	6.69	28.31	13.06	496.76	推荐定额： 1. 龙骨钢骨架制作 2. 钢骨架安装 3. 钢骨架上干挂石材块料面板、墙面、密缝
9	墙柱面装饰与隔断、幕墙工程	隔墙	轻钢龙骨石膏板隔墙，双面	m²	1. 骨架、边框材料种类、规格：轻钢龙骨 2. 隔板材料品种、规格：12mm厚纸面石膏板 双面	28.48	55.65	0.68	7.58	3.50	95.89	推荐定额： 1. 隔墙轻钢龙骨 2. 石膏板隔墙面
10	墙柱面装饰与隔断、幕墙工程	隔墙	轻钢龙骨石膏板隔墙，单面	m²	1. 骨架、边框材料种类、规格：轻钢龙骨 2. 隔板材料品种、规格：12mm厚纸面石膏板单面	18.11	42.07	0.68	4.89	2.25	68.00	推荐定额： 1. 隔墙轻钢龙骨 2. 石膏板隔墙面
11	墙柱面装饰与隔断、幕墙工程	其他	滴水线	m	外墙面滴水线	1.26	0.39	0	0.33	0.15	2.13	推荐定额： 外墙面抹灰面分格缝 内嵌塑料分隔线条
12	墙柱面装饰与隔断、幕墙工程	其他	水泥砂浆踢脚线板	m²	1. 踢脚板高度：100mm 2. 底层厚度、砂浆配合比：1:3 水泥砂浆	3.77	1.72	0.10	1.01	0.46	7.06	推荐定额： 水泥砂浆踢脚线
13	墙柱面装饰与隔断、幕墙工程	幕墙	玻璃幕墙，半隐框	m²	1. 位置：半隐框玻璃幕墙 2. 玻璃品种、厚度：Low-E玻璃 6+12A+6 3. 除玻璃幕外其余辅材均包干 4. 龙骨另计	107.10	534.51	18.79	32.73	15.11	708.24	推荐定额： 铝合金半隐框玻璃幕墙制作安装

序号	分部工程	部位	项目名称	单位	项目特征						推荐定额
14	墙柱面装饰与隔断、幕墙工程	幕墙	玻璃幕墙，全隐框	m²	1. 位置：全隐框玻璃幕墙 2. 玻璃品种、厚度：Low-E玻璃6+12A-6 3. 除玻璃外其余辅材均包干 4. 龙骨另计	109.40	570.54	19.89	33.62	15.51	748.96	推荐定额：铝合金隐框玻璃幕墙制作安装
15	墙柱面装饰与隔断、幕墙工程	幕墙	玻璃幕墙，明框	m²	1. 位置：明框玻璃幕墙 2. 玻璃品种、厚度：Low-E玻璃6+12A+6 3. 除玻璃外其余辅材均包干 4. 龙骨另计	103.28	498.11	16.61	31.17	14.39	663.56	推荐定额：铝合金明框玻璃幕墙制作安装
16	墙柱面装饰与隔断、幕墙工程	幕墙	玻璃幕墙，点式	m²	1. 位置：点式玻璃幕墙 2. 玻璃品种、厚度：钢化玻璃 3. 除玻璃外其余辅材均包干 4. 龙骨另计	220.92	579.00	5.61	58.90	27.18	891.61	推荐定额：全玻璃幕墙，点式
17	墙柱面装饰与隔断、幕墙工程	幕墙	铝板幕墙、铝单板	m²	1. 40mm×40mm×3mm 钢方管骨架，表面热镀锌处理，镀锌厚度不小于65μm 2. 3mm厚铝单板，表面氟碳喷涂处理 3. 粘结塞口材料：泡沫棒、硅酮结构胶、耐候密封胶、三元乙丙橡胶密封胶条等 4. 做法详见节点图JD-08	76.34	368.44	19.23	24.85	11.47	500.33	推荐定额： 1. 龙骨钢骨架制作 2. 钢骨架安装 3. 铝板幕墙、铝单板、钢龙骨

（续）

序号	项目类别	清单名称	项目名称	单位	特征描述	人工费/元	材料费/元	机械费/元	管理费/元	利润/元	综合单价/元	推荐执行定额子目
18	墙柱面装饰、隔断、幕墙工程	幕墙	铝格栅幕墙	m²	1. 铝格栅幕墙 2. 幕墙支承龙骨（由幕墙公司二次设计处理） 3. 格栅、百叶（详见立面图） 4. 建筑物超高增加人工、机械降效，高度30m以内	164.91	490.80	26.48	49.76	22.97	754.92	推荐定额： 1. 龙骨钢骨架制作 2. 钢骨架安装 3. 铝格栅幕墙
19	墙柱面装饰、隔断、幕墙工程	幕墙	幕墙安装，铝合金百叶窗安装	m²	1. 名称：铝合金百叶窗 2. 工作内容：定位、画线、安装、找平、吊正、周边塞缝等	51.09	225.89	1.79	13.75	6.35	298.87	推荐定额： 百叶窗制作安装、普通铝型材
20	墙柱面装饰、隔断、幕墙工程	幕墙	幕墙与建筑物的封边，顶端、侧边及底、不锈钢	m²	1. 1.2mm厚镀锌冷轧钢板 2. 具体做法详见图样	7.31	65.44	0.28	1.97	0.91	75.91	推荐定额： 幕墙与建筑物的封边，顶端、侧端、镀锌薄钢板
十二、天棚工程												
1	天棚工程	轻钢龙骨石膏板吊顶 平顶	天棚吊顶	m²	1. φ8mm 丝杆吊筋、50系列U形轻钢龙骨@400 2. 12mm厚纸面石膏板，钉眼点漆、嵌缝贴胶带	27.80	53.61	1.24	7.55	3.48	93.68	推荐定额： 1. 吊筋规格 H=750mm，φ8mm 2. 装配式U形（面层人型）轻钢龙骨，面层规格300mm×600mm，简单 3. 纸面石膏板天棚面层，安装在U形轻钢龙骨上，平面 4. 板面钉眼封点防锈漆

序号	分部工程	项目名称	单位	工作内容						推荐定额
2	天棚工程	天棚吊顶	轻钢龙骨石膏板吊顶，跌级	m²	1. φ8mm 丝杠吊筋，50 系列 U 形轻钢龙骨@400 2. 12mm 厚纸面石膏板，钉眼点漆、嵌缝贴胶带	31.63	53.38	1.24	8.55	3.94	98.74	推荐定额： 1. 吊筋规格 H=750mm，φ8 2. 装配式 U 形（不上人型）轻钢龙骨，面层规格 300mm×600mm，复杂 3. 纸面石膏板天棚面层，安装在 U 形轻钢龙骨上，凹凸 4. 板面钉眼封点防锈漆
3	天棚工程	天棚吊顶	塑料扣板	m²	1. 吊顶形式、吊杆规格、高度；不上人简单 φ8mm 吊筋 2. 龙骨材料种类、规格、中距；配套轻钢龙骨 3. 面层材料品种、规格；塑料扣板	23.29	95.35	1.09	6.34	2.93	129.00	推荐定额： 1. 吊筋规格 H=750mm，φ8mm 2. 铝合金（嵌入式）方板龙骨（不上人型）面层规格 600mm×600mm 3. 铝合金（嵌入式）方板天棚面层，平板，换为【塑料扣板】
4	天棚工程	天棚吊顶	金属扣板	m²	1. 钢筋混凝土楼板预留直径 10mm 钢筋吊环，双向中距≤1200mm。（另计） 2. 10 号镀锌碳钢丝（或直径 8mm 钢筋）吊杆，双向中距≤1200mm，吊杆上部与板底预留钢筋环固定 3. 与安装形式主龙骨专用上层主龙骨，间距≤1200mm 用吊杆与钢筋吊杆连接后找平 4. 与铝合金方板配套的专用下层副龙骨连接，间距≤600mm 5. 铝合金方板 600mm×600mm，与配套专用龙骨卡固定	23.46	122.17	1.24	6.42	2.96	156.25	推荐定额： 1. 天棚吊筋，吊筋规格 H=750mm，φ8mm 2. 装配式 U 形（不上人型）轻钢龙骨，面层规格 300mm×600mm，简单 3. 铝合金（嵌入式）方板天棚面层，平板

（续）

序号	项目类别	项目名称	清单名称	单位	特征描述	人工费/元	材料费/元	机械费/元	管理费/元	利润/元	综合单价/元	推荐执行定额子目
5	天棚工程	天棚吊顶	矿棉板吊顶，浮搁式	m²	1. 吊杆规格：φ8mm镀锌吊杆 2. 龙骨材料种类、规格、中距：镀锌或烤漆处理，龙骨采用 UC38 系列，厚度≥1.0mm，次龙骨厚度≥2.0mm 3. 面层材料品种、规格：600mm×600mm 矿棉吸声板厚度≥14mm 4. 施工工艺：具体做法详见招标文件及图样	22.87	60.61	0.44	6.06	2.80	92.78	推荐定额： 1. 全丝杆天棚吊筋 H = 1050mm，φ8mm 2. 装配式 T 形（不上人型）铝合金龙骨，简单面层，规格 600mm×600mm 3. 矿棉板天棚面层，搁放在 T 形铝合金龙骨上。
6	天棚工程	天棚吊顶	矿棉板吊顶，嵌入式	m²	1. 吊杆规格：φ8mm镀锌吊杆 2. 龙骨材料种类、规格、中距：镀锌或烤漆处理，龙骨采用 UC38 系列，厚度≥1.0mm，次龙骨厚度≥2.0mm 3. 面层材料品种、规格：600mm×600mm 型明龙骨矿棉吸声板厚度≥14mm 4. 施工工艺：具体做法详见招标文件及图样	22.61	60.61	0.44	5.99	2.77	92.42	推荐定额： 1. 全丝杆天棚吊筋 H = 1050mm，φ8mm 2. 装配式 T 形（不上人型）铝合金龙骨，简单面层，规格 600mm×600mm 3. 矿棉板天棚面层，嵌入式。

序号	工程类别	项目名称	项目特征	单位							推荐定额
7	天棚工程	其他	窗帘盒	成品窗帘轨道、窗帘盒	m	9.56	24.05	0.04	2.50	1.15	37.30	推荐定额：暗窗帘盒盒细木工板、纸面石膏板
8	天棚工程	其他	石膏线	线条材料品种、规格，颜色：石膏线	m	2.21	0.79	0	0.57	0.27	3.84	推荐定额：石膏线10cm宽以内，乳胶漆三遍
9	天棚工程	其他	灯槽制作安装	附加式天棚灯槽胶合板	m	13.43	23.5	0.47	3.61	1.67	42.68	推荐定额：同光灯槽
十三、油漆、涂料、裱糊工程											
1	油漆、涂料、裱糊工程	墙面抹灰	满刮腻子	1. 工程部位：内墙 2. 批腻子二遍刮平 3. 刷白色内墙无毒防腐涂料二遍 其他：按图样，规范要求完成本项目的其他一切相关工作，具体描述不清时详见图样	m²	5.10	1.63	0	1.33	0.61	8.67	推荐定额：满批腻子，抹灰面二遍
2	油漆、涂料、裱糊工程	墙面抹灰	乳胶漆	1. 基层类型：一般抹灰面 2. 刮腻子遍数：二遍 3. 油漆品种、刷漆遍数：乳胶漆	m²	12.07	7.19	0	3.14	1.45	23.85	推荐定额：内墙面，在抹灰面上901胶混合腻子批，刮乳胶漆三遍
3	油漆、涂料、裱糊工程	墙面块料面层	墙面 普通 壁纸	1. 基层类型：一般抹灰面 2. 面层材料品种、规格、颜色：壁纸	m²	12.50	30.54	0	3.25	1.50	47.79	推荐定额：贴壁纸，墙面，对花

（续）

序号	项目类别	项目名称	清单名称	单位	特征描述	人工费/元	材料费/元	机械费/元	管理费/元	利润/元	综合单价/元	推荐执行定额子目
4	油漆、涂料、裱糊工程	墙面抹灰	金属面油漆	m²	油漆品种、刷漆遍数：氟碳漆	19.64	38.06	5.38	6.51	3.00	72.59	推荐定额：金属氟碳漆喷涂、金属面
5	油漆、涂料、裱糊工程	外墙涂料	墙面喷刷涂料、外墙涂料（真石漆、岩片漆）	m²	涂料品种、喷刷遍数：真石漆	6.55	63.69	1.49	2.09	0.96	74.78	推荐定额：外墙真石漆、胶带分格
6	油漆、涂料、裱糊工程	外墙涂料	丙烯酸、外墙防水涂料	m²	1. 刮腻子要求：二遍 2. 涂料品种、喷刷遍数：防水涂料	14.37	8.96	0	3.74	1.72	28.79	推荐定额：1. 外墙乳液型涂料、光面一底二面 2. 满批腻子、抹灰面二遍
7	油漆、涂料、裱糊工程	外墙涂料	无机涂料	m²	1. 刮腻子要求：二遍 2. 涂料品种、喷刷遍数：无机涂料	13.43	7.23	0	3.49	1.61	25.76	推荐定额：内墙面、在抹灰面上 901 胶白水泥腻子批、刷乳胶漆各二遍
8	油漆、涂料、裱糊工程	外墙涂料	仿石型粉涂料 水包水、水包砂	m²	1. 刮腻子要求：二遍 2. 涂料品种、喷刷遍数：仿石型粉涂料 水包水、水包砂	13.43	7.23	0	3.49	1.61	25.76	推荐定额：内墙面、在抹灰面上 901 胶白水泥腻子批、刷乳胶漆各二遍

十四、措施项目

序号				单位								推荐定额
1	措施项目	模板	基础模板	m²	复合木模板	19.43	21.17	1.37	5.41	2.50	49.88	推荐定额：现浇无梁式钢筋混凝土满堂基础复合木模板
2	措施项目	模板	矩形柱模板	m²	复合木模板	28.54	19.54	1.53	7.82	3.61	61.04	推荐定额：现浇矩形柱复合木模板
3	措施项目	模板	矩形梁模板	m²	复合木模板	29.52	24.05	2.10	8.22	3.79	67.68	推荐定额：现浇挑梁、单梁、连续梁、框架梁复合木模板
4	措施项目	模板	直形墙模板	m²	复合木模板	20.09	30.42	3.91	6.24	2.88	63.54	推荐定额：现浇地下室外墙、墙厚300mm，复合木模板
5	措施项目	模板	有梁板模板	m²	复合木模板	23.94	20.19	2.09	6.77	3.12	56.11	推荐定额：现浇板厚度<20cm，复合木模板
6	措施项目	脚手架	综合脚手架	m²	脚手架	6.56	6.44	1.29	2.04	0.94	17.27	推荐定额：综合脚手架檐高在12m以内，层高在3.6m以内

（续）

序号	项目类别	项目名称	清单名称	单位	特征描述	人工费/元	材料费/元	机械费/元	管理费/元	利润/元	综合单价/元	推荐执行定额子目
7	措施项目	脚手架	外脚手架	m²	脚手架	6.72	6.69	1.29	2.08	0.96	17.74	推荐定额：砌墙脚手架，双排外架，高12m以内
8	措施项目	脚手架	悬挑脚手架	座	脚手架	501.84	783.17	168.25	174.22	80.41	1707.89	推荐定额：脚手架斜道高12m以内
9	措施项目	脚手架	满堂脚手架	m²	脚手架	10.33	3.23	1.29	3.02	1.40	19.27	推荐定额：基本层满堂脚手架高8m以内
10	措施项目	降水	成井	根	轻型井点	46.00	31.96	18.81	16.85	7.78	121.40	推荐定额：1.施工降水轻型井点、降水安装 2.施工降水轻型井点、降水拆除
11	措施项目	降水	排水、降水	昼夜	降水	147.60	13.93	97.92	63.84	29.46	352.75	推荐定额：施工降水轻型井点、降水使用

第四篇

甲方成本——项目成本归集，指标含量测算

"为保证项目测算整体性，本篇土建和安装同步测算，且不做删减分拆，让各位读者能够一目了然地看清工程项目整体情况，使本书更具性价比。"

对于甲方成本，是以项目为测算对象，通过整个项目的对比分析，对成本进行归集，对经济指标和技术指标进行详细测算；给出单方造价、单方含量、数据指标等，指导未来新建项目的成本测算与宏观控制。

指标测算基本情况——住宅 7 层及以下

指标测算概况

工程类别	居住建筑	工程类型	住宅	项目年份	2023
项目地址	合肥	承包模式	工程总承包	承包范围	土建、安装、简装
建筑面积	3306.61m²	层数	地上 4 层 地下 0 层	结构形式	框架剪力墙

计价情况

计价依据	13 清单 安徽 18 定额	合同造价	662.97 万元	计税模式	增值税
质保金	总造价 3%	质量	合格	工期	205d
预付款	总造价 20%	进度款支付方式	形象进度	进度款支付比例	80%

施工范围

本工程包括主体结构工程、防水工程、保温工程、粗装修工程，不包括土石方工程、降水工程、桩基工程、支护工程

建筑装饰工程主要材料

基础	筏形基础，侧壁混凝土为 P6 抗渗处理；基础钢筋：以三级钢 φ20mm 为主
主体结构	现浇钢筋混凝土结构
二次结构	蒸压加气混凝土砌块；二次结构钢筋：构造柱、圈梁主要以三级钢 φ8～φ12mm 为主；二次结构混凝土：构造柱、圈梁以 C25 为主
防水工程	卫生间、厨房地面墙面防水：5mm 厚聚合物预拌水泥砂浆防水层 + 7mm 厚聚合物预拌水泥砂浆防水层 屋面防水：1.5mm 厚高分子自粘胶膜防水卷材二层，无胎基，预铺 P 类 + 1.2mm 厚 JS 防水涂料一道
保温工程	屋面及外墙面保温：挤塑聚苯乙烯泡沫塑料；外墙内面：玻化微珠保温砂浆
屋面工程	保温隔热屋面 20mm 厚 1:2.5 水泥砂浆找平兼找坡层，纵横设置分格缝，间距 4000mm，缝宽 20mm（缝内嵌聚硫密封膏）；40mm 厚 C20 商品混凝土（含泵送）；1.5mm 厚合成高分子防水卷材二层；挤塑聚苯板 40mm 保温层 面层：20mm 厚 M20 预拌水泥砂浆找平层 + 面贴 300mm×300mm 防滑砖

安装工程主要材料

电气	配电箱 42 台、电线、电缆、电管、桥架线槽
给水排水	阀门、管道、套管
消防	消防预埋
弱电	弱电预埋

经济指标

工程类别	项目类别	工程造价/万元	造价百分比	建筑面积/m²	造价指标/(元/m²)
土建造价	建筑工程	536.58	80.94%	3306.61	1622.74
	装饰工程	49.55	7.47%	3306.61	149.85
	土建造价合计	586.13	88.41%	3306.61	1772.59

经济指标

工程类别	项目类别	工程造价/万元	造价百分比	建筑面积/m²	造价指标/(元/m²)
安装造价	电气	67.90	10.24%	3306.61	205.34
	给水排水	6.91	1.04%	3306.61	20.88
	消防	1.41	0.21%	3306.61	4.26
	弱电	0.63	0.09%	3306.61	1.90
	安装造价合计	76.84	11.59%	3306.61	232.39
项目总造价		662.97	100.00%	3306.61	2004.98

技术指标

项目类别	项目名称	单方含量	单位	实际价格/元	单位	单方造价/元	占总造价百分比
混凝土	地下部分（基础）	0.11	m³/m²	590.00	m³	66.85	3.33%
	地上一次部分	0.35	m³/m²	571.21	m³	199.92	9.97%
	地上二次部分	0.06	m³/m²	746.47	m³	46.13	2.30%
钢筋	地下部分（基础）	8.24	kg/m²	5.92	kg	48.80	2.43%
	地上一次部分	48.00	kg/m²	6.42	kg	307.94	15.36%
	地上二次部分	3.30	kg/m²	7.48	kg	24.64	1.23%
模板	地下部分（基础）	0.24	m²/m²	67.79	m²	16.06	0.80%
	地上部分	3.15	m²/m²	86.31	m²	271.88	13.56%
砌体	地下部分（基础）	0.01	m³/m²	711.19	m³	7.33	0.37%
	地上部分	0.20	m³/m²	636.56	m³	127.31	6.35%

项目类别	项目名称	单方含量	单位	总造价/万元	单方造价/元	占总造价百分比
电气	管线	6.14	m	53.25	161.04	8.03%
	设备	0.01	台	12.20	36.90	1.84%
	终端	0.05	个	2.45	7.40	0.37%
给水	管线	0.04	m	5.91	17.87	0.89%
	终端	0.00	个	0.10	0.30	0.02%
排水	管线	0.05	m	0.81	2.45	0.12%
	终端	—	个	0.01	0.02	0.00%
消防	消防预埋	0.33	m	1.41	4.26	0.21%
弱电	弱电预埋	0.08	m	0.63	1.90	0.09%

第四篇 甲方成本——项目成本归集，指标含量测算

指标测算基本情况——住宅 18 层及以下

指标测算概况

工程类别	居住建筑	工程类型	住宅	项目年份	2023
项目地址	大同	承包模式	工程总承包	承包范围	土建、安装、简装
建筑面积	9961.61m²（其中地下 475.6m²）	层数	地上 18 层 地下 1 层	结构形式	框架剪力墙

计价情况

计价依据	13 清单 山西 18 定额	合同造价	2161.46 万元	计税模式	增值税
质保金	总造价 3%	质量	合格	工期	324d
预付款	总造价 20%	进度款支付方式	形象进度	进度款支付比例	80%

施工范围

本工程包括主体结构工程、防水工程、保温工程、粗装修工程，不包括土石方工程、降水工程、桩基工程、支护工程

建筑装饰工程主要材料

基础	筏形基础、侧壁混凝土为 P6 抗渗处理；基础钢筋：以三级钢 φ20mm 为主
主体结构	现浇钢筋混凝土结构
二次结构	蒸压加气混凝土砌块；二次结构钢筋：构造柱、圈梁主要以三级钢 φ8～φ12mm 为主；二次结构混凝土：构造柱、圈梁以 C25 为主
防水工程	基础防水：自粘防水卷材 1.5mm 厚 +2mm 厚非固化橡胶沥青防水涂料 地下室外墙防水：1.5mm 厚聚乙烯膜自粘防水卷材 +1.5mm 厚非固化橡胶沥青防水涂料 地上厨房、卫生间、阳台防水：1.5mm 厚 JS 防水涂料 II 型 屋面防水：4mm 厚 SBS 耐根穿刺化学阻根卷材 +2mm 厚非固化橡胶沥青防水涂料
保温工程	屋面保温：100mm 厚难燃型挤塑聚苯板；地面保温：20mm 厚难燃型挤塑聚苯板；非采暖地下室：顶板 30mm 厚无机保温砂浆；地上内墙保温：20mm 厚无机保温砂浆
屋面工程	面层：20mm 厚 M20 预拌水泥砂浆找平层 + 面贴 300mm×300mm 防滑砖 刚性层：70mm 厚 C20 细石混凝土保护层，内配 φ6@150 双向钢筋网片，每 6m 设分隔缝，缝内填高分子密封膏 防水层 1：1.5mm 厚强力交叉层压聚乙烯膜自粘防水卷材（道路面层）或 4mm 厚 SBS 耐根穿刺化学阻根卷材（种植屋面） 防水层 2：2mm 厚非固化橡胶沥青防水涂料 基层：喷涂基层处理剂、基层清理

安装工程主要材料

电气	配电箱 125 台、电线、电缆、电管、桥架线槽
给水排水	阀门、管道、套管
消防	消防预埋
采暖	地暖管
通风空调	空调水管
弱电	弱电预埋

经济指标

工程类别	项目类别	工程造价/万元	造价百分比	建筑面积/m²	造价指标/(元/m²)
土建造价	建筑工程	1648.17	76.25%	9961.61	1654.52
	装饰工程	151.44	7.01%	9961.61	152.02
	土建造价合计	1799.61	83.26%	9961.61	1806.54
安装造价	电气	185.92	8.60%	9961.61	186.64
	给水排水	62.02	2.87%	9961.61	62.26
	消防	1.41	0.07%	9961.61	1.42
	通风空调	9.85	0.46%	9961.61	9.89
	采暖	95.05	4.40%	9961.61	95.41
	弱电	7.60	0.35%	9961.61	7.63
	安装造价合计	361.85	16.74%	9961.61	363.24
项目总造价		2161.46	100.00%	9961.61	2169.79

技术指标

项目类别	项目名称	单方含量	单位	实际价格/元	单位	单方造价/元	占总造价百分比
混凝土	地下一次部分	1.30	m³/m²	620.00	m³	38.48	1.77%
	地下二次部分	0.03	m³/m²	730.00	m³	1.05	0.05%
	地上一次部分	0.36	m³/m²	560.00	m³	191.97	8.85%
	地上二次部分	0.03	m³/m²	720.00	m³	21.19	0.98%
钢筋	地下一次部分	142.00	kg/m²	5.15	kg	34.93	1.61%
	地下二次部分	1.99	kg/m²	8.20	kg	0.78	0.04%
	地上一次部分	47.00	kg/m²	5.37	kg	240.40	11.08%
	地上二次部分	0.02	kg/m²	7.20	kg	0.14	0.01%
模板	地下部分	4.39	m²/m²	75.00	m²	15.71	0.72%
	地上部分	3.20	m²/m²	65.00	m²	198.07	9.13%
砌体	地下部分	0.04	m³/m²	643.84	m³	1.23	0.06%
	地上部分	0.19	m³/m²	599.97	m³	105.92	4.88%

项目类别	项目名称	单方含量	单位	总造价/万元	单方造价/元	占总造价百分比
电气	管线	7.23	m	144.31	144.86	6.68%
	设备	0.01	台	32.17	32.30	1.49%
	终端	0.41	个	9.44	9.48	0.44%
给水排水	管线	0.85	m	53.13	53.34	2.46%
	终端	0.11	台	6.30	6.32	0.29%
	其他	—	—	2.58	2.59	0.12%
消防	消防预埋	0.32	m	1.41	1.42	0.07%
采暖	设备	0.01	台	1.57	1.58	0.07%
	管线	2.44	m	78.10	78.40	3.61%
	终端	0.29	个	15.38	15.44	0.71%
通风空调	管线	0.08	m	9.85	9.89	0.46%
弱电	弱电预埋	0.40	m	7.60	7.63	0.35%

第四篇　甲方成本——项目成本归集、指标含量测算

指标测算基本情况——住宅 20 层

指标测算概况

工程类别	居住建筑	工程类型	住宅	项目年份	2023
项目地址	洛阳	承包模式	工程总承包	承包范围	土建、安装、简装
建筑面积	9219.22m² （其中地下776.73m²）	层数	地上 20 层 地下 1 层	结构形式	框架剪力墙

计价情况

计价依据	13 清单 河南 16 定额	合同造价	2023.59 万元	计税模式	增值税
质保金	总造价 3%	质量	合格	工期	480d
预付款	总造价 20%	进度款支付方式	形象进度	进度款支付比例	80%

施工范围

本工程包括主体结构工程、防水工程、保温工程、粗装修工程，不包括土石方工程、降水工程、桩基工程、支护工程

建筑装饰工程主要材料

基础	筏形基础，侧壁混凝土为 P6 抗渗处理；基础钢筋：以三级钢 φ20mm 为主
主体结构	现浇钢筋混凝土结构
二次结构	蒸压加气混凝土砌块；二次结构钢筋：构造柱、圈梁主要以三级钢 φ8~φ12mm 为主；二次结构混凝土：构造柱、圈梁以 C25 为主
防水工程	筏板防水：4mm 厚 SBS 改性沥青防水卷材 +3mm 厚 SBS 改性沥青防水卷材 地下室外墙防水：3mm 厚 SBS 改性沥青防水卷材 卫生间、厨房防水：2mm 厚 JS 防水涂料 屋面防水：4mm 厚改性沥青耐根穿刺防水卷材 +3mm 厚改性沥青防水卷材
保温工程	屋面保温：100mm 厚挤塑聚苯乙烯泡沫塑料（XPS 板）大于或等于 25kg/m³ 且小于 32kg/m³ 地上地面保温：20mm 厚（B1 级，30kg/m³）泡沫板
屋面工程	保护层：40mm 厚 C20 细石混凝土抹平，内配 φ6@150 双向钢筋网，随捣随抹光，设 3m×3m 分仓缝 隔离层：干铺长纤维无纺布隔离层 防水层：（3mm+3mm）厚自粘聚合物改性沥青聚氨酯防水卷材 找平层：20mm 厚 1:3 水泥砂浆找平层（内掺聚丙烯） 找坡层：1:6 水泥焦渣找坡最薄处 20mm 厚 20% 找坡 保温层：165mm 厚 B1 级阻燃挤塑聚苯板

安装工程主要材料

电气	配电箱、电气配管、电力电缆、电气配线、桥架、开关插座、灯具
给水排水	阀门、管道、套管
消防	管材、焊接钢管、PC
采暖	管道、阀门
通风空调	空调水管
弱电	弱电预埋

经济指标

工程类别	项目类别	工程造价/万元	造价百分比	建筑面积/m²	造价指标/(元/m²)
土建造价	建筑工程	1558.82	77.03%	9219.22	1690.84
	装饰工程	130.08	6.43%	9219.22	141.10
	土建造价合计	1688.91	83.46%	9219.22	1831.94

经济指标

工程类别	项目类别	工程造价/万元	造价百分比	建筑面积/m²	造价指标/(元/m²)
安装造价	电气	186.04	9.19%	9219.22	201.79
	给水排水	70.17	3.47%	9219.22	76.12
	消防	13.42	0.66%	9219.22	14.56
	通风空调	2.33	0.12%	9219.22	2.53
	采暖	45.87	2.27%	9219.22	49.76
	弱电	16.85	0.83%	9219.22	18.27
	安装造价合计	334.68	16.54%	9219.22	363.03
项目总造价		2023.59	100.00%	9219.22	2194.97

技术指标

项目类别	项目名称	单方含量	单位	实际价格/元	单位	单方造价/元	占总造价百分比
混凝土	地下一次部分	1.25	m³/m²	654.14	m³	68.89	3.14%
	地下二次部分	0.01	m³/m²	657.55	m³	0.57	0.03%
	地上一次部分	0.38	m³/m²	636.17	m³	222.02	10.11%
	地上二次部分	0.02	m³/m²	686.31	m³	12.95	0.59%
钢筋	地下一次部分	141.38	kg/m²	6.66	kg	79.30	3.61%
	地下二次部分	1.08	kg/m²	6.71	kg	0.61	0.03%
	地上一次部分	46.00	kg/m²	6.75	kg	284.40	12.96%
	地上二次部分	2.28	kg/m²	6.74	kg	14.05	0.64%
模板	地下部分	4.06	m²/m²	78.00	m²	26.69	1.22%
	地上部分	3.22	m²/m²	66.00	m²	194.61	8.87%
砌体	地下部分	0.05	m³/m²	710.28	m³	3.08	0.14%
	地上部分	0.18	m³/m²	680.25	m³	112.13	5.11%

项目类别	项目名称	单方含量	单位	总造价/万元	单方造价/元	占总造价百分比
电气	管线	6.99	m	95.26	103.33	4.71%
	设备	0.01	台	7.04	7.63	0.35%
	终端	0.08	个	8.02	8.70	0.40%
	其他	—	—	75.72	82.13	3.74%
给水排水	管线	0.93	m	39.04	42.35	1.93%
	设备	0.00	台	1.67	1.81	0.08%
	终端	0.08	个	8.73	9.46	0.43%
	其他	—	—	20.74	22.49	1.02%
消防	消防预埋	0.67	m	13.42	14.56	0.66%
采暖	管线	0.31	m	32.71	35.48	1.62%
	终端	0.08	个	7.48	8.11	0.37%
	其他	—	—	5.68	6.16	0.28%
通风空调	管线	0.07	m	2.33	2.53	0.12%
弱电	弱电预埋	0.80	m	16.85	18.27	0.83%

指标测算基本情况——住宅 47 层

指标测算概况

工程类别	居住建筑	工程类型	住宅	项目年份	2023
项目地址	岳阳	承包模式	工程总承包	承包范围	土建、安装、简装
建筑面积	34234.23m²	层数	地上 47 层 地下 0 层（地下车库单独分析）	结构形式	框架剪力墙

计价情况

计价依据	13 清单 湖南 20 定额	合同造价	7229.22 万元	计税模式	增值税
质保金	总造价 3%	质量	合格	工期	973d
预付款	总造价 20%	进度款支付方式	形象进度	进度款支付比例	80%

施工范围

本工程包括主体结构工程、防水工程、保温工程、粗装修工程，不包括土石方工程、降水工程、桩基工程、支护工程

建筑装饰工程主要材料

基础	筏形基础，侧壁混凝土为 P6 抗渗处理；基础钢筋：以三级钢 φ20mm 为主
主体结构	现浇钢筋混凝土结构
二次结构	蒸压加气混凝土砌块；二次结构钢筋：构造柱、圈梁主要以三级钢 φ8～φ12mm 为主；二次结构混凝土：构造柱、圈梁以 C25 为主
防水工程	卫生间、厨房、阳台防水：1.2mm 厚聚氨酯防水涂料 防水内墙面（水电管井）、防水内墙面（与电梯相邻客厅墙面）：1.2mm 厚聚合物水泥防水涂料 屋面防水：二层（3mm＋3mm）厚 SBS 聚合物改性沥青防水卷材＋1.5mm 厚聚氨酯防水涂料、聚乙烯丙纶防水卷材和聚合物水泥＋4mm 厚 APP 改性沥青耐根穿刺防水卷材＋1.5mm 厚高分子防水卷材
保温工程	挤塑聚苯乙烯泡沫塑料板
屋面工程	保温上人平屋面 面层：8～10mm 厚地砖铺平拍实，缝宽 5～8mm，1:1 水泥砂浆填缝；找平层：25mm 厚 DS M15 干混地面砂浆；刚性层：60mm 厚 C20 细石混凝土（内配 φ4mm 钢筋双向中距 150mm），分格缝纵横间距不宜大于 6m，缝宽 20mm，内嵌填密封材料；隔离层：干铺无纺布一层；保温层：干铺 60mm 厚挤塑聚苯乙烯泡沫塑料板；防水层：二层（3mm＋3mm）厚 SBS 聚合物改性沥青防水卷材＋1.5mm 厚聚氨酯防水涂料；找平层：刷基层处理剂一遍，20mm 厚 DS M15 干混地面砂浆；找坡层：平均 30mm 厚 LC5.0 轻骨料混凝土找 2% 坡

安装工程主要材料

电气	配电箱、电气配管、电力电缆、电气配线、桥架、开关插座、灯具
给水排水	阀门、管道、套管
消防	预埋管、JDG 管
采暖	无
通风空调	预埋管：塑料套管及空调冷水管
弱电	预埋管：PVC 管、SC 管

经济指标

工程类别	项目类别	工程造价/万元	造价百分比	建筑面积/m²	造价指标/（元/m²）
土建造价	建筑工程	5765.67	79.75%	34234.23	1684.18
	装饰工程	520.24	7.20%	34234.23	151.96
	土建造价合计	6285.91	86.95%	34234.23	1836.15
安装造价	电气	582.37	8.06%	34234.23	170.11
	给水排水	258.86	3.58%	34234.23	75.61
	消防	62.46	0.86%	34234.23	18.24
	通风空调	21.06	0.29%	34234.23	6.15
	弱电	18.57	0.26%	34234.23	5.43
	安装造价合计	943.32	13.05%	34234.23	275.55
项目总造价		7229.22	100.00%	34234.23	2111.69

技术指标

项目类别	项目名称	单方含量	单位	实际价格/元	单位	单方造价/元	占总造价百分比
混凝土	地上一次部分	0.40	m³/m²	608.83	m³	243.53	11.53%
	地上二次部分	0.02	m³/m²	663.75	m³	13.67	0.65%
钢筋	地上一次部分	49.00	kg/m²	5.80	kg	284.00	13.45%
	地上二次部分	3.66	kg/m²	6.08	kg	22.23	1.05%
模板	地上部分	3.25	m²/m²	71.90	m²	233.69	11.07%
砌体	地上部分	0.10	m³/m²	615.82	m³	63.43	3.00%

项目类别	项目名称	单方含量	单位	总造价/万元	单方造价/元	占总造价百分比
电气	管线	7.27	m	461.67	134.86	6.39%
	设备	0.01	台	72.15	21.07	1.00%
	终端	0.04	个	48.47	14.16	0.67%
	其他	—	—	0.08	0.02	0.00%
给水排水	管线	0.94	m	242.68	70.89	3.36%
	终端	0.05	个	16.18	4.73	0.22%
消防	消防预埋	0.72	m	62.46	18.24	0.86%
通风空调	管线	0.01	m	13.93	4.07	0.19%
	设备	0.00	台	6.76	1.97	0.09%
	终端	0.00	个	0.37	0.11	0.01%
弱电	弱电预埋	0.30	m	18.57	5.43	0.26%

指标测算基本情况——地下车库 1 层

指标测算概况

工程类别	居住建筑	工程类型	居住建筑	项目年份	2023
项目地址	武威	承包模式	工程总承包	承包范围	土建、安装、简装
建筑面积	41517.45m²	层数	地上 0 层 地下 1 层	结构形式	框架剪力墙

计价情况

计价依据	甘肃 19 定额 13 清单	合同造价	8610.89 万元	计税模式	增值税
质保金	总造价 3%	质量	合格	工期	286d
预付款	总造价 20%	进度款支付方式	形象进度	进度款支付比例	80%

施工范围

本工程包括主体结构工程、防水工程、粗装修工程，不包括土石方工程、保温工程、降水工程、桩基工程、支护工程、门窗工程

建筑装饰工程主要材料

基础	满堂基础
主体结构	现浇钢筋混凝土结构
二次结构	蒸压加气混凝土砌块；二次结构钢筋：构造柱、圈梁主要以三级钢 $\phi 8 \sim \phi 12mm$ 为主；二次结构混凝土：构造柱、圈梁以 C25 为主
防水工程	地下室底板防水：一道 4mm 厚 SBS 高聚物改性沥青防水卷材（Ⅰ型聚酯胎） 地下室外墙防水：一道 4mm 厚 SBS 高聚物改性沥青防水卷材（Ⅰ型聚酯胎） 地下车库顶板防水、地下室顶板防水：1.5mm 厚 CPS-CL 反应粘接型高分子膜基湿铺防水卷材（双面粘）一道，耐根穿刺型 + 1.5mm 厚 CPS 反应粘接型高分子膜基湿铺防水卷材（双面粘）一道
保温工程	未包含
屋面工程	保护层：C20 细石混凝土保护层兼作找坡层，厚度 110mm；4m×4m 分格缝，缝宽 20～30mm，填聚苯板，单组分聚氨酯密封膏嵌缝 隔离层：无纺布一层（200g/m²） 防水层：3mm 厚 + 4mm 厚 SBS 高聚物改性沥青防水卷材（Ⅱ型聚酯胎） 找坡层：保护层与找平层共用 C20 细石混凝土

安装工程主要材料

电气	配电箱柜、电力电缆、电气配线、电气配管、桥架、灯具
给水排水	阀门、管道、套管
采暖	管道、阀门
通风空调	未包含
消防	管道
弱电	弱电预埋

经济指标

工程类别	项目类别	工程造价/万元	造价百分比	建筑面积/m²	造价指标/(元/m²)
土建造价	建筑工程	6937.15	80.56%	41517.45	1670.90
	装饰工程	680.34	7.90%	41517.45	163.87
	土建造价合计	7617.48	88.46%	41517.45	1834.77
安装造价	电气	634.87	7.37%	41517.45	152.92
	给水排水	268.47	3.12%	41517.45	64.66
	消防	57.06	0.66%	41517.45	13.74
	采暖	28.55	0.33%	41517.45	6.88
	弱电	4.45	0.05%	41517.45	1.07
	安装造价合计	993.41	11.54%	41517.45	239.27
项目总造价		8610.89	100.00%	41517.45	2074.04

技术指标

项目类别	项目名称	单方含量	单位	实际价格/元	单位	单方造价/元	占总造价百分比
混凝土	地下一次部分	1.30	m³/m²	504.77	m³	656.20	31.64%
	地下二次部分	0.02	m³/m²	596.64	m³	11.93	0.58%
钢筋	地下一次部分	145.00	kg/m²	5.33	kg	773.13	37.28%
	地下二次部分	0.37	kg/m²	5.58	kg	2.07	0.10%
模板	地下部分	3.72	m²/m²	71.23	m²	264.98	12.78%
砌体	地下部分	0.04	m³/m³	795.12	m³	32.76	1.58%

项目类别	项目名称	单方含量	单位	总造价/万元	单方造价/元	占总造价百分比
电气	管线	4.42	m	583.66245	140.58	6.78%
	设备	0.00	台	32.05545	7.72	0.37%
	终端	0.07	个	19.152	4.61	0.22%
给水排水	管线	0.16	m	201.8815	48.63	2.34%
	设备	0.00	台	36.225	8.73	0.42%
	终端	0.01	个	30.366	7.31	0.35%
消防	管线	0.39	m	57.057	13.74	0.66%
采暖	管线	0.55	m	28.554	6.88	0.33%
弱电	管线	0.00	m	4.452	1.07	0.05%

第四篇　甲方成本——项目成本归集，指标含量测算

指标测算基本情况——多层保障房 7 层及以下

指标测算概况

工程类别	居住建筑	工程类型	政府保障房	项目年份	2023
项目地址	淮南	承包模式	工程总承包	承包范围	土建、安装、简装
建筑面积	4200.24m²	层数	地上 5 层 地下 0 层	结构形式	框架剪力墙

计价情况

计价依据	安徽 18 定额 13 清单	合同造价	859.13 万元	计税模式	增值税
质保金	总造价 3%	质量	合格	工期	
预付款	总造价 20%	进度款支付方式	形象进度	进度款支付比例	80%

施工范围

本工程包括主体结构工程、防水工程、保温工程、粗装修工程，不包括土石方工程、降水工程、桩基工程、支护工程

建筑装饰工程主要材料

基础	独立基础
主体结构	现浇钢筋混凝土结构
二次结构	蒸压加气混凝土砌块；二次结构钢筋：构造柱、圈梁主要以三级钢 φ8～φ12mm 为主；二次结构混凝土：构造柱、圈梁以 C25 为主
防水工程	厨卫防水：1.5mm 厚聚氨酯涂料防水
保温工程	外墙保温：35mm 厚中细多元匀质防火保温板
屋面工程	屋面防水：3.0mm 厚 APP 聚酯胎改性沥青防水卷材 屋面找平层、找坡层、保护层做法：15mm 厚 1:3 水泥砂浆

安装工程主要材料

电气	配电箱、电气配管、电力电缆、电气配线、桥架、开关插座、灯具
给水排水	阀门、管道、套管
弱电	弱电预埋

经济指标

工程类别	项目类别	工程造价/万元	造价百分比	建筑面积/m²	造价指标/(元/m²)
土建造价	建筑工程	686.71	79.93%	4200.24	1634.94
	装饰工程	67.20	7.82%	4200.24	160.00
	土建造价合计	753.92	87.75%	4200.24	1794.93
安装造价	电气	65.21	7.59%	4200.24	155.25
	给水排水	27.87	3.24%	4200.24	66.34
	消防	2.65	0.31%	4200.24	6.30
	弱电	9.49	1.10%	4200.24	22.59
	安装造价合计	105.21	12.25%	4200.24	250.49
项目总造价		859.13	100.00%	4200.24	2045.42

（续）

技术指标

项目类别	项目名称	单方含量	单位	实际价格/元	单位	单方造价/元	占总造价百分比
混凝土	地上部分	0.45	m^3/m^2	671.79	m^3	302.31	14.78%
钢筋	地上部分	55.00	kg/m^2	5.00	kg	274.89	13.44%
模板	地上部分	3.92	m^2/m^2	53.74	m^2	210.66	10.30%
砌体	地上部分	0.22	m^3/m^2	567.12	m^3	122.67	6.00%

项目类别	项目名称	单方含量	单位	总造价/万元		单方造价/元	占总造价百分比
电气	管线	8.74	m	60.21		143.36	7.01%
	设备	0.02	台	2.53		6.03	0.29%
	终端	0.46	个	2.46		5.86	0.29%
给水排水	管线	1.13	m	22.21		52.87	2.58%
	终端	0.08	个	1.04		2.47	0.12%
	其他	—	—	4.62		11.00	0.54%
消防	设备	0.02	台	2.65		6.30	0.31%
弱电	设备	0.00	台	9.49		22.59	1.10%

指标测算基本情况——保障房 18 层及以下

指标测算概况

工程类别	居住建筑	工程类型	政府保障房	项目年份	2023
项目地址	包头	承包模式	工程总承包	承包范围	土建、安装、简装
建筑面积	3255.24m²	层数	地上 11 层 地下 0 层	结构形式	框架剪力墙

计价情况

计价依据	内蒙古 17 定额 13 清单	合同造价	794.78 万元	计税模式	增值税
质保金	总造价 3%	质量	合格	工期	
预付款	总造价 20%	进度款支付方式	形象进度	进度款支付比例	80%

施工范围

本工程包括主体结构工程、防水工程、保温工程、粗装修工程、土石方工程，不包括降水工程、桩基工程、支护工程

建筑装饰工程主要材料

基础	筏形基础
主体结构	现浇钢筋混凝土结构
二次结构	蒸压加气混凝土砌块；二次结构钢筋：构造柱、圈梁主要以三级钢 $\phi8 \sim \phi12mm$ 为主；二次结构混凝土：构造柱、圈梁以 C25 为主
防水工程	厨卫防水：1.5mm 厚聚氨酯涂料防水
保温工程	外墙保温：30mm 厚玻化微珠保温砂浆容重 250kg/m³；100mm 挤塑聚苯板容重 30kg/m³
屋面工程	屋面防水：两道 3mm 厚 SBS 聚合物改性沥青防水卷材，1.5mm 厚聚氨酯防水涂料 屋面找平层、找坡层、保护层做法：40mm 厚 C20 细石混凝土保护层，LC5.0 轻骨料混凝土找 2% 坡，最薄处 30mm 厚

安装工程主要材料

电气	配电箱、电气配管、电力电缆、电气配线、桥架、开关插座、灯具
采暖	采暖类型：地板热辐射采暖 管道材质：PPR 管、无缝钢管
给水排水	阀门、管道、套管
通风空调	屋顶式通风机
消防	消防配管：SC 管、PC 管
弱电	弱电配管：PC 管

经济指标

工程类别	项目类别	工程造价/万元	造价百分比	建筑面积/m²	造价指标/(元/m²)
土建造价	建筑工程	594.94	74.86%	3255.24	1827.65
	装饰工程	55.47	6.98%	3255.24	170.40
	土建造价合计	650.41	81.84%	3255.24	1998.05

经济指标

工程类别	项目类别	工程造价/万元	造价百分比	建筑面积/m²	造价指标/(元/m²)
安装造价	电气	68.46	8.61%	3255.24	210.31
	给水排水	27.29	3.43%	3255.24	83.84
	消防	5.37	0.68%	3255.24	16.48
	采暖、通风、空调	35.11	4.42%	3255.24	107.86
	弱电	8.14	1.02%	3255.24	25.01
	安装造价合计	144.37	18.16%	3255.24	443.50
项目总造价		794.78	100.00%	3255.24	2441.55

技术指标

项目类别	项目名称	单方含量	单位	实际价格/元	单位	单方造价/元	占总造价百分比
混凝土	地上部分	0.48	m³/m²	462.00	m³	221.76	9.08%
钢筋	地上部分	60.00	kg/m²	6.95	kg	417.06	17.08%
模板	地上部分	3.95	m²/m²	61.44	m²	242.67	9.94%
砌体	地上部分	0.20	m²/m²	418.03	m²	83.61	3.42%

项目类别	项目名称	单方含量	单位	总造价/万元	单方造价/元	占总造价百分比
电气	管线	7.92	m	54.49	167.38	6.86%
	设备	0.02	台	9.61	29.51	1.21%
	终端	0.02	个	4.37	13.42	0.55%
给水排水	管线	0.80	m	23.52	72.26	2.96%
	终端	0.74	个	3.54	10.87	0.45%
	其他	—	—	0.23	0.71	0.03%
消防	管线	0.22	m	5.07	15.56	0.64%
	消防水	0.01	套	0.30	0.92	0.04%
通风空调	管线	0.04	m	10.45	32.12	1.32%
	设备	2.12	台	0.87	2.66	0.11%
采暖	管线	0.40	m	5.41	16.63	0.68%
	设备	0.01	台	1.89	5.80	0.24%
	地暖	0.70	m²	10.95	33.63	1.38%
	附件	14.85	个	5.54	17.01	0.70%
弱电	管线	0.81	m	5.49	16.85	0.69%
	设备	0.01	台	2.53	7.77	0.32%
	其他	—	—	0.13	0.39	0.02%

第四篇 甲方成本——项目成本归集，指标含量测算

指标测算基本情况——高层保障房

指标测算概况

工程类别	居住建筑	工程类型	政府保障房	项目年份	2023
项目地址	南昌	承包模式	工程总承包	承包范围	土建、安装、简装
建筑面积	12149.82m²	层数	地上 24 层 地下 0 层	结构形式	框架剪力墙

计价情况

计价依据	江西 17 定额 13 清单	合同造价	2887.80 万元	计税模式	增值税
质保金	总造价 3%	质量	合格	工期	
预付款	总造价 20%	进度款支付方式	形象进度	进度款支付比例	80%

施工范围

本工程包括主体结构工程、防水工程、保温工程、粗装修工程，不包括土石方工程、降水工程、桩基工程、支护工程

建筑装饰工程主要材料

基础	筏形基础
主体结构	现浇钢筋混凝土结构
二次结构	蒸压加气混凝土砌块；二次结构钢筋：构造柱、圈梁主要以三级钢 φ8～φ12mm 为主；二次结构混凝土：构造柱、圈梁以 C25 为主
防水工程	厨卫防水：1.5mm 厚聚氨酯涂料防水
保温工程	外墙保温：50mm 厚自带防水透气膜岩棉保温板，40mm 厚无机轻集料保温砂浆
屋面工程	屋面保温：80mm 厚挤塑聚苯板 屋面防水：3mm＋3mm 厚自粘型 SBS 防水卷材两道，6mm 厚聚合物水泥防水涂料防水层 屋面找平层、找坡层、保护层：20mm 厚 1:3 水泥砂浆找平层，最薄处 20mm 厚，1:8 加气混凝土找坡

安装工程主要材料

电气	配电箱、电气配管、电力电缆、电气配线、桥架、开关插座、灯具
给水排水	阀门、管道、套管
通风空调	轴流通风机
消防	消防配管：SC 管、PC 管
弱电	弱电配管：PC 管
电梯	电梯类型：交流电梯 2200mm×2200mm，载重 1000kg，运行速度 2m/s

经济指标

工程类别	项目类别	工程造价/万元	造价百分比	建筑面积/m²	造价指标/(元/m²)
土建造价	建筑工程	2167.44	75.06%	12149.82	1783.93
	装饰工程	206.28	7.14%	12149.82	169.78
	土建造价合计	2373.72	82.20%	12149.82	1953.71

（续）

经济指标

工程类别	项目类别	工程造价/万元	造价百分比	建筑面积/m²	造价指标/(元/m²)
安装造价	电气	212.73	7.37%	12149.82	175.09
	给水排水	85.38	2.96%	12149.82	70.28
	消防	73.14	2.53%	12149.82	60.19
	采暖、通风、空调	14.71	0.51%	12149.82	12.11
	弱电	54.42	1.88%	12149.82	44.79
	电梯	73.69	2.55%	12149.82	60.65
	安装造价合计	514.07	17.80%	12149.82	423.11
项目总造价		2887.80	100.00%	12149.82	2376.82

技术指标

项目类别	项目名称	单方含量	单位	实际价格/元	单位	单方造价/元	占总造价百分比
混凝土	地上部分	0.47	m³/m²	643.82	m³	302.59	12.73%
钢筋	地上部分	58.00	kg/m²	6.04	kg	350.18	14.73%
模板	地上部分	3.90	m²/m²	62.19	m²	242.55	10.20%
砌体	地上部分	0.14	m³/m²	551.69	m³	79.55	3.35%

项目类别	项目名称	单方含量	单位	总造价/万元	单方造价/元	占总造价百分比
电气	管线	11.61	m	160.96	132.48	5.57%
	设备	0.01	台	24.86	20.46	0.86%
	终端	0.55	个	26.91	22.15	0.93%
给水排水	管线	1.23	m	64.42	53.03	2.23%
	终端	0.30	个	13.95	11.49	0.48%
	其他	—	—	7.00	5.76	0.24%
消防	管线	2.03	m	42.38	34.88	1.47%
	设备	0.01	台	4.63	3.81	0.16%
	终端	0.13	个	24.84	20.44	0.86%
	其他	—	—	1.29	1.06	0.04%
通风空调	管线	0.12	m	14.45	11.89	0.50%
	设备	2.06	台	0.26	0.22	0.01%
电梯	采购及安装	—	—	73.69	60.65	2.55%
弱电	配管	0.62	m	28.62	23.55	0.99%
	系统	0.16	套	20.98	17.27	0.73%
	其他	—	—	4.83	3.97	0.17%

指标测算基本情况——多层公寓 4 层

指标测算概况

工程类别	居住建筑	工程类型	公寓	项目年份	2023
项目地址	洛阳	承包模式	工程总承包	承包范围	土建、安装、简装
建筑面积	12496.71m²（其中地下 4063.5m²）	层数	地上 4 层 地下 2 层	结构形式	框架剪力墙

计价情况

计价依据	河南 16 定额 13 清单	合同造价	3197.40 万元	计税模式	增值税
质保金	总造价3%	质量	合格	工期	280d
预付款	总造价20%	进度款支付方式	形象进度	进度款支付比例	80%

施工范围

本工程包括主体结构工程、防水工程、保温工程、粗装修工程，不包括土石方工程、降水工程、桩基工程、支护工程、门窗工程

建筑装饰工程主要材料

基础	筏形基础
主体结构	1. 全部现浇钢筋混凝土结构、设备基础、圈梁、过梁、构造柱等结构工程 2. 所有砌筑工程、砖胎模及洞口封堵等（包含配合其他专业的洞封堵）
二次结构	二次结构钢筋：过梁、圈梁以三级钢 φ6～φ10mm 为主 二次结构混凝土：过梁、圈梁、构造柱以 C25 为主
防水工程	地下室底板/侧墙防水：4mm 厚 SBS 改性沥青防水卷材（Ⅱ型） 地下室底板防水：（4mm＋3mm）厚 SBS 改性沥青防水卷材（Ⅱ型） 地下室顶板防水：1.2mm 厚聚氯乙烯耐根穿刺防水卷材（内增强型）、（4mm＋3mm）厚 SBS 改性沥青卷材（Ⅱ型）防水层 消防水池防水：1.5mm 厚合成高分子卷材防水＋1.5mm 厚 JS 防水涂料 电梯基坑、集水坑等防水：20mm 厚 1:2 防水水泥砂浆 卫生间、洗衣间、垃圾收集间防水：1.5mm 厚聚氨酯防水涂料防水层（四周翻起 300mm 高，淋浴部分翻起 1800mm 高） 屋面防水：（3mm＋3mm）厚Ⅰ型 SBS 改性沥青防水卷材
保温工程	内墙保温：30mm 厚建筑保温玻化微珠砂浆分层涂抹找平 屋面保温：80mm 厚挤塑聚苯乙烯泡沫塑料板（B1 级）
屋面工程	屋面 1——保温上人平屋面 40mm 厚 C20 细石混凝土保护层，内配直径 6mm 双向@150mm 钢筋网片，绑扎分隔间距≤6m，缝宽 20mm，油膏嵌缝；（3mm＋3mm）厚Ⅰ型 SBS 改性沥青防水卷材，四周翻起高出完成面 250mm；25mm 厚 1:3 水泥砂浆保护层；80mm 厚挤塑聚苯乙烯泡沫塑料板（B1 级）用聚合物砂浆粘贴，最薄处 30mm 厚，1:6 水泥焦渣 1% 找坡 屋面 2——保温不上人平屋面 20mm 厚 1:2.5 水泥砂浆保护层，每 1m 见方半缝分格；（3mm＋3mm）厚Ⅰ型 SBS 改性沥青防水卷材，四周翻起高出完成面 250mm 25mm 厚 1:3 水泥砂浆保护层，80mm 厚挤塑聚苯乙烯泡沫塑料板（B1 级）用聚合物砂浆粘贴，最薄处 30mm 厚，1:6 水泥焦渣 1% 找坡

安装工程主要材料

电气	配电箱柜：配电箱、电梯控制箱、潜污泵控制箱 电气配管：热镀锌钢管、JDG 管、PC 管 电力电缆：WDZB1N—YJY、WDZN—YJY 电气配线：WDZB1N—BYJ、WDZN—BYJ 桥架：热镀锌托盘桥架、热镀锌梯式桥架 开关插座：延时开关、防爆单极开关、单位单控开关、两位单控开关、三位单控开关、应急救援用电源插座 灯具类型：吸顶灯、壁灯、单管荧光灯、防水单管荧光灯、双管荧光灯
给水排水	给水系统：生活用水箱（临战安装）、水表、PP-R 管、内塑复合钢管、不锈钢阀门 排水系统：W 型柔性接口机制排水铸铁管、PVC-U 空壁螺旋消声排管 热水系统：不锈钢阀门、内衬塑钢管、PP-R 塑料给水管 雨水系统：防紫外线功能的硬聚氯乙烯排水塑料管 压力排水系统：镀锌钢管、潜污泵、铸铁阀门
采暖	管道：无缝钢管、焊接钢管、PE-RT 管、螺纹阀门 设备：分集水器 做法：50mm 厚 C15 豆石混凝土（地暖管上配地热专用钢丝网）＋0.2mm 厚真空铝聚酯薄膜＋25mm 厚挤塑聚苯板
通风空调	管材：PVC-U 排水管
消防	消防预埋：SC 管
弱电	预埋管：JDG 管

经济指标

工程类别	项目类别	工程造价/万元	造价百分比	建筑面积/m²	造价指标/（元/m²）
土建造价	建筑工程	2517.70	78.74%	12496.71	2014.69
	装饰工程	171.47	5.36%	12496.71	137.21
	土建造价合计	2689.17	84.10%	12496.71	2151.90
安装造价	电气	211.65	6.62%	12496.71	169.36
	给水排水	166.89	5.22%	12496.71	133.55
	消防	11.95	0.37%	12496.71	9.56
	采暖、通风、空调	104.45	3.27%	12496.71	83.58
	弱电	13.29	0.42%	12496.71	10.64
	安装造价合计	508.23	15.90%	12496.71	406.69
项目总造价		3197.40	100.00%	12496.71	2558.59

技术指标

项目类别	项目名称	单方含量	单位	实际价格/元	单位	单方造价/元	占总造价百分比
混凝土	地下一次部分	1.32	m³/m²	727.78	m³	312.00	12.19%
	地下二次部分	0.02	m³/m²	836.77	m³	5.44	0.21%
	地上一次部分	0.34	m³/m²	714.27	m³	163.84	6.40%
	地上二次部分	0.03	m³/m²	788.83	m³	16.45	0.64%

（续）

技术指标

项目类别	项目名称	单方含量	单位	实际价格/元	单位	单方造价/元	占总造价百分比
钢筋	地下一次部分	153.54	kg/m²	6.58	kg	328.69	12.85%
	地下二次部分	0.30	kg/m²	6.54	kg	0.64	0.02%
	地上一次部分	45.00	kg/m²	6.67	kg	202.48	7.91%
	地上二次部分	4.03	kg/m²	6.54	kg	17.78	0.69%
模板	地下部分	4.22	m²/m²	50.77	m²	69.66	2.72%
	地上部分	3.02	m²/m²	52.78	m²	107.57	4.20%
砌体	地下部分	0.03	m³/m²	624.75	m³	6.28	0.25%
	地上部分	0.31	m³/m²	593.53	m³	123.77	4.84%

项目类别	项目名称	单方含量	单位	总造价/万元	单方造价/元	占总造价百分比
电气	管线	8.56	m	130.31	104.27	4.08%
	设备	0.02	台	25.49	20.40	0.80%
	终端	0.07	个	4.10	3.28	0.13%
	其他	—	—	51.75	41.41	1.62%
给水排水	管线	1.18	m	136.21	109.00	4.26%
	设备	0.00	台	21.13	16.91	0.66%
	终端	0.40	个	9.56	7.65	0.30%
消防	管线	0.44	m	11.95	9.56	0.37%
采暖	管线	0.38	m	67.00	53.62	2.10%
	设备	—	台	0.00	0.00	0.00%
	终端	0.18	个	20.71	16.57	0.65%
	其他	—	—	15.07	12.06	0.47%
	其他			1.68	1.34	0.05%
弱电	管线	0.46	m	13.29	10.64	0.42%

指标测算概况

工程类别	居住建筑	工程类型	公寓	项目年份	2023
项目地址	湛江	承包模式	工程总承包	承包范围	土建、安装、简装
建筑面积	12362.38m²（其中地下 2788.48m²）	层数	地上 12 层 地下 1 层	结构形式	框架剪力墙

计价情况

计价依据	广州 18 定额 13 清单	合同造价	2813.73 万元	计税模式	增值税
质保金	总造价 3%	质量	合格	工期	425d
预付款	总造价 20%	进度款支付方式	形象进度	进度款支付比例	80%

施工范围

本工程包括主体结构工程、防水工程、保温工程、粗装修工程，不包括土石方工程、降水工程、桩基工程、支护工程、门窗工程

建筑装饰工程主要材料

基础	筏形基础
主体结构	现浇钢筋混凝土结构
二次结构	蒸压加气混凝土砌块；二次结构钢筋：构造柱、圈梁主要以三级钢 φ8～φ12mm 为主；二次结构混凝土：构造柱、圈梁以 C25 为主
防水工程	地下室底板防水：两道 3mm 厚 SBS 改性沥青防水卷材 地下室外墙防水：两道 3mm 厚 SBS 改性沥青防水卷材 地下室顶板防水：一道 4mm 厚 SBS 改性沥青耐根刺防水卷材＋一道 4mm 厚改性沥青防水卷材 卫生间（地、墙面、天棚）防水：1.5mm 厚聚氨酯防水涂料 屋面防水：两道 3mm 厚 SBS 改性沥青防水卷材 坡屋面防水：一道 4mm 厚改性沥青防水卷材
保温工程	50mm 厚环保型绝热挤塑型聚苯乙烯板
屋面工程	刚性层：40mm 厚 C20 细石表面压光；隔离层：干铺 200g/m² 聚酯无纺布一层；防水层：两道 3mm 厚聚酯胎改性沥青自粘防水卷材，完成面上翻 300mm 高；隔离层：刷基层处理剂一道；找平层：20mm 厚 1:2.5 水泥砂浆找平；保温层：50mm 厚环保型绝热挤塑型聚苯乙烯板；找坡层：30mm 厚（最薄处）LC5.0 轻骨料混凝土找 3% 坡，随捣随光，坡向天沟或雨水口；找平层：钢筋屋面板原浆收光找补平整，基面清扫干净；结构闭水 24h，无渗漏

安装工程主要材料

电气	配电箱、电气配管、电力电缆、电气配线、桥架、开关插座、灯具
给水排水	阀门、管道、套管
消防	消防预埋：SC 管
弱电	预埋管：PVC 管

第四篇 甲方成本——项目成本归集，指标含量测算

（续）

经济指标

工程类别	项目类别	工程造价/万元	造价百分比	建筑面积/m²	造价指标/(元/m²)
土建造价	建筑工程	2329.34	82.79%	12362.38	1884.22
	装饰工程	207.24	7.37%	12362.38	167.64
	土建造价合计	2536.59	90.15%	12362.38	2051.86
安装造价	电气	187.36	6.66%	12362.38	151.55
	给水排水	77.43	2.75%	12362.38	62.63
	消防	7.35	0.26%	12362.38	5.95
	弱电	5.00	0.18%	12362.38	4.05
	安装造价合计	277.14	9.85%	12362.38	224.18
项目总造价		2813.73	100.00%	12362.38	2276.04

技术指标

项目类别	项目名称	单方含量	单位	实际价格/元	单位	单方造价/元	占总造价百分比
混凝土	地下一次部分	1.25	m³/m²	749.61	m³	211.35	9.29%
	地下二次部分	0.03	m³/m²	861.87	m³	5.83	0.26%
	地上一次部分	0.32	m³/m²	735.70	m³	171.09	7.52%
	地上二次部分	0.03	m³/m²	812.50	m³	17.71	0.78%
钢筋	地下一次部分	140.00	kg/m²	6.78	kg	214.13	9.41%
	地下二次部分	1.27	kg/m²	6.74	kg	1.93	0.08%
	地上一次部分	43.00	kg/m²	6.87	kg	214.61	9.43%
	地上二次部分	2.28	kg/m²	6.74	kg	11.15	0.49%
模板	地下部分	3.82	m²/m²	52.29	m²	45.05	1.98%
	地上部分	3.00	m²/m²	54.37	m²	118.53	5.21%
砌体	地下部分	0.03	m³/m²	725.03	m³	5.05	0.22%
	地上部分	0.28	m³/m²	525.58	m³	106.95	4.70%

项目类别	项目名称	单方含量	单位	总造价/万元	单方造价/元	占总造价百分比
电气	管线	7.62	m	169.23	136.90	6.01%
	设备	0.01	台	14.28	11.55	0.51%
	终端	0.06	个	3.84	3.11	0.14%
给水排水	管线	2.98	m	72.05	58.28	2.56%
	终端	0.04	个	5.38	4.35	0.19%
消防	管线	0.19	m	7.35	5.95	0.26%
弱电	管线	0.30	m	5.00	4.05	0.18%

指标测算概况

工程类别	居住建筑	工程类型	公寓	项目年份	2022
项目地址	开封	承包模式	工程总承包	承包范围	土建、安装、简装
建筑面积	21054.99m²（其中地下 2057.45m²）	层数	地上 25 层 地下 1 层	结构形式	框架剪力墙

计价情况

计价依据	河南 16 定额 13 清单	合同造价	4825.24 万元	计税模式	增值税
质保金	总造价 3%	质量	合格	工期	590d
预付款	总造价 20%	进度款支付方式	形象进度	进度款支付比例	80%

施工范围

本工程包括主体结构工程、防水工程、保温工程、粗装修工程，不包括土石方工程、降水工程、桩基工程、支护工程、门窗工程

建筑装饰工程主要材料

基础	筏形基础
主体结构	现浇钢筋混凝土结构
二次结构	蒸压加气混凝土砌块；二次结构钢筋：构造柱、圈梁主要以三级钢 $\phi8 \sim \phi12mm$ 为主；二次结构混凝土：构造柱、圈梁以 C25 为主
防水工程	地下室底板防水：（4mm + 3mm）厚 SBS 改性沥青防水卷材（聚酯毡胎Ⅱ型） 地下室外墙防水：（4mm + 3mm）厚 SBS 改性沥青防水卷材（聚酯毡胎Ⅱ型） 地上卫生间防水：1.5mm 厚单组分聚氨酯防水涂料，四周沿墙上翻距完成面 300mm 高，门口向外返 500mm 非上人屋面防水：（3mm + 3mm）厚 SBS 改性沥青防水卷材（聚酯毡胎Ⅱ型）
保温工程	70mm 厚挤塑聚苯板保温层，B1 级，容重 31kg/m³
屋面工程	保护层：35mm 厚 C20 细石混凝土 防水层：4mm 厚 SBS 改性沥青防水卷材 隔汽层：0.4mm 厚聚乙烯膜一层 找平层：20mm 厚 1:2.5 水泥砂浆 保温层：80mm 厚 B1 级挤塑聚苯板 面层：琉璃瓦屋面

安装工程主要材料

电气	配电箱、电气配管、电力电缆、电气配线、桥架、开关插座、灯具
给水排水	阀门、管道、套管
采暖	设备：分集水器 管道：镀锌钢管、PP-R 管、PE-RT 管
通风空调	冷凝水系统：PVC-U 排水管
消防	消防预埋：JDG 管
弱电	预埋管：PVC 管

（续）

经济指标

工程类别	项目类别	工程造价/万元	造价百分比	建筑面积/m²	造价指标/（元/m²）
土建造价	建筑工程	3660.82	75.87%	21054.99	1738.70
	装饰工程	368.15	7.63%	21054.99	174.85
	土建造价合计	4028.97	83.50%	21054.99	1913.55
安装造价	电气	366.11	7.59%	21054.99	173.88
	给水排水	144.51	2.99%	21054.99	68.63
	消防	29.26	0.61%	21054.99	13.90
	通风空调	8.10	0.17%	21054.99	3.85
	采暖	220.07	4.56%	21054.99	104.52
	弱电	28.22	0.58%	21054.99	13.40
	安装造价合计	796.26	16.50%	21054.99	378.18
项目总造价		4825.24	100.00%	21054.99	2291.73

技术指标

项目类别	项目名称	单方含量	单位	实际价格/元	单位	单方造价/元	占总造价百分比
混凝土	地下一次部分	1.58	m³/m²	756.22	m³	117.06	5.11%
	地下二次部分	0.13	m³/m²	823.79	m³	10.46	0.46%
	地上一次部分	0.35	m³/m²	709.12	m³	224.07	9.78%
	地上二次部分	0.01	m³/m²	825.63	m³	7.67	0.33%
钢筋	地下一次部分	165.08	kg/m²	6.97	kg	112.46	4.91%
	地下二次部分	1.90	kg/m²	7.76	kg	1.44	0.06%
	地上一次部分	48.00	kg/m²	6.25	kg	270.68	11.81%
	地上二次部分	2.25	kg/m²	6.85	kg	13.93	0.61%
模板	地下部分	4.35	m²/m²	78.96	m²	33.56	1.46%
	地上部分	3.10	m²/m²	86.43	m²	241.75	10.55%
砌体	地下部分	0.08	m³/m²	780.71	m³	6.04	0.26%
	地上部分	0.26	m³/m²	741.69	m³	173.99	7.59%

项目类别	项目名称	单方含量	单位	总造价/万元	单方造价/元	占总造价百分比
电气	管线	10.19	m	297.21	141.16	6.16%
	设备	0.02	台	58.09	27.59	1.20%
	终端	0.07	个	5.21	2.47	0.11%
	其他	—	—	5.60	2.66	0.12%
给水排水	管线	1.35	m	125.77	59.74	2.61%
	终端	0.04	个	18.73	8.90	0.39%
消防	管线	0.40	m	29.26	13.90	0.61%
采暖	管线	1.73	m	182.42	86.64	3.78%
	设备	0.02	台	8.16	3.87	0.17%
	终端	0.04	个	27.43	13.03	0.57%
	其他	—	—	2.06	0.98	0.04%
通风空调	管线	0.05	m	8.10	3.85	0.17%
弱电	管线	0.57	m	28.22	13.40	0.58%

指标测算概况

工程类别	居住建筑	工程类型	别墅	项目年份	2023
项目地址	信阳	承包模式	工程总承包	承包范围	土建、安装、简装
建筑面积	585.72m²	层数	地上 2 层 地下 0 层	结构形式	框架

计价情况

计价依据	河南 18 定额 13 清单	合同造价	149.68 万元	计税模式	增值税
质保金	总造价 3%	质量	合格	工期	238d
预付款	总造价 20%	进度款支付方式	形象进度	进度款支付比例	80%

施工范围

本工程包括主体结构工程、防水工程、保温工程、粗装修工程，不包括土石方工程、降水工程、桩基工程、支护工程、门窗工程

建筑装饰工程主要材料

基础	独立基础
主体结构	现浇钢筋混凝土结构
二次结构	二次结构钢筋：构造柱、圈梁等以三级钢 φ6.5mm 为主 二次结构混凝土：构造柱、圈梁等主要以 C25 为主
防水工程	屋面防水：单层 4mm 厚 SBS 改性沥青防水卷材
保温工程	屋面保温：50mm 厚挤塑聚苯乙烯泡沫塑料板
屋面工程	保温不上人平屋面 1. 小青瓦 2. 1:1:4 水泥石灰砂浆 50mm 厚 3. 50mm 厚 C15 细石混凝土保护层，内铺 φ4mm 钢筋，间距 200mm 4. 绝热用挤塑聚苯乙烯泡沫塑料板 50mm 厚，X150～X500 型（燃烧性能 B1 级，抗压等级 X350） 5. 单层 4mm 厚 SBS 改性沥青防水卷材 6. 刷基层处理剂一遍 保温上人平屋面 1. 8～10mm 厚地砖铺平拍实，缝宽 5～8mm，1:1 水泥砂浆填缝 2. 25mm 厚 DS M15 干混地面砂浆 3. 50mm 厚细石混凝土（配 φ6mm 的一级钢筋双向中距 150mm，钢筋网片绑扎或点焊） 4. 绝热用挤塑聚苯乙烯泡沫塑料板 50mm 厚 X150～X500 型（燃烧性能 B1 级，抗压等级 X350） 5. 最薄处 30mm 厚，轻骨料混凝土碎料 2% 找坡层 6. 单层 4mm 厚 SBS 改性沥青防水卷材

安装工程主要材料

电气	配电箱柜：户内照明箱、电表箱 电气配管：SC 管、PVC 管 电气配线：WDZ—BYJ 开关插座：单联单控翘板开关、单相五孔插座 灯具类型：座灯头

（续）

安装工程主要材料		
给水排水	给水系统：内衬塑复合钢管、PP-R 给水管、阀门 排水系统：PVC-U 排水管 雨水系统：PVC-U 雨水管	
通风空调	预埋管：预埋塑料套管	
弱电	预埋管：镀锌钢管、PVC 管	

经济指标

工程类别	项目类别	工程造价/万元	造价百分比	建筑面积/m²	造价指标/(元/m²)
土建造价	建筑工程	122.90	82.10%	585.72	2098.19
	装饰工程	12.65	8.45%	585.72	215.99
	土建造价合计	135.55	90.56%	585.72	2314.18
安装造价	电气	10.79	7.21%	585.72	184.17
	给水排水	3.13	2.09%	585.72	53.51
	通风空调	0.04	0.03%	585.72	0.68
	弱电	0.17	0.12%	585.72	2.95
	安装造价合计	14.13	9.44%	585.72	241.32
项目总造价		149.68	100.00%	585.72	2555.50

技术指标

项目类别	项目名称	单方含量	单位	实际价格/元	单位	单方造价/元	占总造价百分比
混凝土	地下一次部分	0.07	m³/m²	542.60	m³	39.12	1.53%
	地上一次部分	0.42	m³/m²	578.80	m³	243.10	9.51%
	地上二次部分	0.04	m³/m²	664.93	m³	27.40	1.07%
钢筋	地下一次部分	16.33	kg/m²	5.38	kg	87.80	3.44%
	地上一次部分	51.00	kg/m²	5.35	kg	272.62	10.67%
	地上二次部分	16.57	kg/m²	6.41	kg	106.18	4.16%
模板	地下部分	0.22	m²/m²	79.32	m²	17.16	0.67%
	地上部分	3.50	m²/m²	81.65	m²	285.76	11.18%
砌体	地上部分	0.32	m³/m²	509.50	m³	162.68	6.37%

项目类别	项目名称	单方含量	单位	总造价/万元	单方造价/元	占总造价百分比
电气	管线	1.56	m	9.79	167.10	6.54%
	设备	0.03	台	0.60	10.24	0.40%
	终端	0.02	个	0.40	6.83	0.27%
给水排水	管线	0.70	m	2.93	50.10	1.96%
	终端	0.04	个	0.20	3.41	0.13%
通风空调	管线	0.40	m	0.04	0.68	0.03%
弱电	管线	0.13	m	0.17	2.95	0.12%

指标测算概况

工程类别	居住建筑	工程类型	别墅	项目年份	2023
项目地址	洛阳	承包模式	工程总承包	承包范围	土建、安装、简装
建筑面积	1041.85m² （其中地下 313.43m²）	层数	地上 3 层 地下 1 层	结构形式	框架

计价情况

计价依据	河南 16 定额 13 清单	合同造价	282.41 万元	计税模式	增值税
质保金	总造价 3%	质量	合格	工期	350d
预付款	总造价 20%	进度款支付方式	形象进度	进度款支付比例	80%

施工范围

本工程包括主体结构工程、防水工程、保温工程、粗装修工程，不包括土石方工程、降水工程、桩基工程、支护工程、门窗工程

建筑装饰工程主要材料

基础	筏形基础
主体结构	现浇钢筋混凝土结构
二次结构	蒸压加气混凝土砌块；二次结构钢筋：构造柱、圈梁主要以三级钢 $\phi 8 \sim \phi 12$mm 为主；二次结构混凝土：构造柱、圈梁以 C25 为主
防水工程	地下室底板防水：干铺石油沥青纸胎油毡一层 地下室顶板防水：4mm 厚耐根穿刺 SBS 改性沥青防水卷材一道 +3mm 厚 SBS 改性沥青防水卷材一道 卫生间、厨房防水：1.5mm 厚聚氨酯防水涂料 大屋面、露台防水：3mm 厚 SBS 防水卷材两道 坡屋面防水：3mm 厚 SBS 防水卷材一道 +2mm 厚水泥聚合物防水涂膜一道
保温工程	100mm 厚 XPS 挤塑聚苯板 （B2 级）
屋面工程	1. 40mm 厚 C20 防水混凝土捣实压光，内配 $\phi 6@150$ 双向钢筋网片，按纵横 1.5m 设分隔缝，缝宽 20mm，缝中钢筋断开，缝内用建筑防水密封膏封严 2. 3mm 厚 SBS （聚酯毡胎Ⅰ型、－20℃） 防水卷材两道 3. 25mm 厚 1:3 水泥砂浆找平层 4. 100mm 厚 XPS 挤塑聚苯板 （B2 级） 5. C15 细石混凝土找坡，最薄处 30mm，坡度 2%，压实抹灰 6. 预拌砂浆

安装工程主要材料

电气	配电箱、电气配管、电力电缆、电气配线、桥架、开关插座、灯具
给水排水	阀门、管道、套管
采暖	设备：分集水器 阀门：法兰阀门 管道：焊接钢管、PE-RT 管
通风空调	预埋管：PVC-U 管
弱电	预埋管：SC 管、PC 管

第四篇　甲方成本——项目成本归集，指标含量测算

（续）

经济指标

工程类别	项目类别	工程造价/万元	造价百分比	建筑面积/m²	造价指标/(元/m²)
土建造价	建筑工程	222.91	78.93%	1041.85	2139.58
	装饰工程	20.55	7.28%	1041.85	197.21
	土建造价合计	243.46	86.21%	1041.85	2336.80
安装造价	电气	19.91	7.05%	1041.85	191.07
	给水排水	8.45	2.99%	1041.85	81.11
	通风空调	0.11	0.04%	1041.85	1.01
	采暖	7.58	2.68%	1041.85	72.72
	弱电	2.91	1.03%	1041.85	27.91
	安装造价合计	38.95	13.79%	1041.85	373.82
项目总造价		282.41	100.00%	1041.85	2710.61

技术指标

项目类别	项目名称	单方含量	单位	实际价格/元	单位	单方造价/元	占总造价百分比
混凝土	地下一次部分	1.27	m³/m²	716.49	m³	273.75	10.10%
	地下二次部分	0.05	m³/m²	702.58	m³	10.89	0.40%
	地上一次部分	0.45	m³/m²	718.57	m³	242.24	8.94%
	地上二次部分	0.05	m³/m²	770.18	m³	29.71	1.10%
钢筋	地下一次部分	123.26	kg/m²	6.42	kg	237.90	8.78%
	地下二次部分	5.24	kg/m²	6.59	kg	10.40	0.38%
	地上一次部分	52.00	kg/m²	6.45	kg	251.11	9.26%
	地上二次部分	2.13	kg/m²	17.08	kg	27.29	1.01%
模板	地下部分	4.02	m²/m²	72.70	m²	87.92	3.24%
	地上部分	3.60	m²/m²	68.25	m²	184.07	6.79%
砌体	地下部分	0.10	m³/m²	739.93	m³	22.26	0.82%
	地上部分	0.32	m³/m²	713.50	m³	171.05	6.31%

项目类别	项目名称	单方含量	单位	总造价/万元	单方造价/元	占总造价百分比
电气	管线	6.00	m	11.45	109.95	4.06%
	设备	0.01	台	3.80	36.47	1.35%
	终端	0.30	个	4.65	44.65	1.65%
给水排水	管线	1.37	m	5.38	51.68	1.91%
	设备	0.00	台	2.30	22.07	0.81%
	终端	0.07	个	0.77	7.36	0.27%
采暖	管线	0.08	m	7.58	72.72	2.68%
通风空调	管线	0.01	m	0.11	1.01	0.04%
弱电	管线	1.39	m	2.91	27.91	1.03%

指标测算概况

工程类别	居住建筑	工程类型	别墅	项目年份	2023
项目地址	兰州	承包模式	工程总承包	承包范围	土建、安装
建筑面积	1509.52m²（其中地下 508.75m²）	层数	地上 3 层 地下 1 层	结构形式	框架剪力墙

计价情况

计价依据	甘肃 19 定额 13 清单	合同造价	322.24 万元	计税模式	增值税
质保金	总造价 3%	质量	合格	工期	320d
预付款	总造价 20%	进度款支付方式	形象进度	进度款支付比例	80%

施工范围

本工程包括主体结构工程、防水工程、保温工程，不包括粗装修工程、土石方工程、降水工程、桩基工程、支护工程、门窗工程

建筑装饰工程主要材料

基础	筏形基础
主体结构	现浇钢筋混凝土结构
二次结构	蒸压加气混凝土砌块；二次结构钢筋：构造柱、圈梁主要以三级钢 φ8～φ12mm 为主；二次结构混凝土：构造柱、圈梁以 C25 为主
防水工程	地下室底板防水：（4mm+3mm）厚 SBS 高聚物改性沥青防水卷材（聚酯毡胎Ⅰ型） 地下室外墙防水：一道 4mm 厚 SBS 高聚物改性沥青防水卷材（聚酯毡胎Ⅰ型） 卫生间防水：1.2mm 厚 JS 防水涂料 不上人平屋面防水：4mm 厚 SBS 聚合物改性沥青防水卷材（聚酯毡胎Ⅰ型）
保温工程	140mm 厚 XPS 挤塑板
屋面工程	防水层：4mm 厚 SBS 聚合物改性沥青防水卷材（聚酯毡胎Ⅰ型），上翻 500mm 找平层：30mm 厚 C20 细石混凝土 保温层：140mm 厚 XPS 挤塑板 找坡层：1:6 水泥焦渣混凝土，找 2% 坡，最薄处 20mm 厚，综合厚度 90mm

安装工程主要材料

电气	配电箱、电气配管、电力电缆、电气配线、桥架、开关插座、灯具
给水排水	阀门、管道、套管
采暖	设备：分集水器 阀门：铜制阀门 管道：无缝钢管、Pert 地暖盘管
消防	配管：焊接钢管
弱电	配管：半硬质阻燃管

经济指标

工程类别	项目类别	工程造价/万元	造价百分比	建筑面积/m²	造价指标/(元/m²)
土建造价	建筑工程	254.43	78.96%	1509.52	1685.51
	装饰工程	21.43	6.65%	1509.52	141.99
	土建造价合计	275.87	85.61%	1509.52	1827.51

（续）

经济指标

工程类别	项目类别	工程造价/万元	造价百分比	建筑面积/m²	造价指标/(元/m²)
安装造价	电气	26.66	8.27%	1509.52	176.62
	给水排水	8.74	2.71%	1509.52	57.91
	消防	0.56	0.17%	1509.52	3.69
	采暖	8.85	2.75%	1509.52	58.62
	弱电	1.56	0.48%	1509.52	10.33
	安装造价合计	46.37	14.39%	1509.52	307.18
项目总造价		322.24	100.00%	1509.52	2134.69

技术指标

项目类别	项目名称	单方含量	单位	实际价格/元	单位	单方造价/元	占总造价百分比
混凝土	地下一次部分	1.56	m³/m²	510.56	m³	267.63	12.54%
	地下二次部分	0.01	m³/m²	586.14	m³	2.03	0.10%
	地上一次部分	0.36	m³/m²	510.68	m³	122.05	5.72%
	地上二次部分	0.04	m³/m²	608.45	m³	16.62	0.78%
钢筋	地下一次部分	126.36	kg/m²	5.79	kg	246.39	11.54%
	地下二次部分	4.18	kg/m²	5.86	kg	8.26	0.39%
	地上一次部分	41.79	kg/m²	6.00	kg	166.10	7.78%
	地上二次部分	8.51	kg/m²	5.99	kg	33.76	1.58%
模板	地下部分	4.11	m²/m²	74.92	m²	103.77	4.86%
	地上部分	3.23	m²/m²	69.69	m²	149.23	6.99%
砌体	地下部分	0.05	m³/m²	594.64	m³	10.02	0.47%
	地上部分	0.13	m³/m²	595.62	m³	51.65	2.42%

项目类别	项目名称	单方含量	单位	总造价/万元	单方造价/元	占总造价百分比
电气	管线	7.91	m	16.47	109.11	5.11%
	设备	0.01	台	2.55	16.87	0.79%
	终端	0.36	个	7.64	50.64	2.37%
给水排水	管线	0.57	m	8.30	54.99	2.58%
	终端	0.05	个	0.44	2.92	0.14%
消防	管线	0.10	m	0.56	3.69	0.17%
采暖	管线	0.11	m	8.42	55.77	2.61%
	设备	0.01	台	0.29	1.95	0.09%
	终端	0.01	个	0.14	0.90	0.04%
弱电	管线	0.57	m	1.56	10.33	0.48%

指标测算概况

工程类别	居住建筑	工程类型	别墅	项目年份	2023
项目地址	合肥	承包模式	工程总承包	承包范围	土建、安装、简装
建筑面积	8284.78m²（其中地下 2029.44m²）	层数	地上 7 层 地下 2 层	结构形式	框架剪力墙

计价情况

计价依据	安徽 18 定额 13 清单	合同造价	1960.41 万元	计税模式	增值税
质保金	总造价 3%	质量	合格	工期	320d
预付款	总造价 20%	进度款支付方式	形象进度	进度款支付比例	80%

施工范围

本工程包括主体结构工程、防水工程、保温工程、土石方工程、粗装修工程，不包括降水工程、桩基工程、支护工程、门窗工程

建筑装饰工程主要材料

基础	筏形基础
主体结构	现浇钢筋混凝土结构
二次结构	蒸压加气混凝土砌块；二次结构钢筋：构造柱、圈梁主要以三级钢 $\phi8 \sim \phi12mm$ 为主；二次结构混凝土：构造柱、圈梁以 C25 为主
防水工程	地下室底板防水：4mm 厚 SBS 改性沥青防水卷材 地下室侧墙防水：4mm 厚 SBS 改性沥青防水卷材 厨卫防水：1.5mm 厚非焦油聚氨酯防水涂料 阳露台防水：1.5mm 厚聚氨酯防水涂料
保温工程	140mm 厚 XPS 挤塑板
屋面工程	屋面保温：80mm 厚挤塑聚苯板 屋面防水：（3mm + 3mm）厚 SBS 防水 屋面找平层、找坡层、保护层做法：最薄处 30mm 厚发泡混凝土找坡，30mm 厚 C15 细石混凝土找平层，40mm 厚 C30 细石混凝土保护层内配钢筋网

安装工程主要材料

电气	配电箱、电气配管、电力电缆、电气配线、桥架、开关插座、灯具
给水排水	阀门、管道、套管
采暖	采暖类型：钢制散热器 管道材质：PB 管
通风空调	排风扇
消防	配管：JDG 管
弱电	弱电配管：PC 管 弱电配线：RVS，网线/SYWV

经济指标

工程类别	项目类别	工程造价/万元	造价百分比	建筑面积/m²	造价指标/(元/m²)
土建造价	建筑工程	1532.84	78.19%	8284.78	1850.19
	装饰工程	144.68	7.38%	8284.78	174.63
	土建造价合计	1677.52	85.57%	8284.78	2024.82

（续）

经济指标

工程类别	项目类别	工程造价/万元	造价百分比	建筑面积/m²	造价指标/（元/m²）
安装造价	电气	178.76	9.12%	8284.78	215.77
	给水排水	61.56	3.14%	8284.78	74.31
	消防	2.35	0.12%	8284.78	2.84
	通风空调	0.04	0.00%	8284.78	0.05
	采暖	29.37	1.50%	8284.78	35.45
	弱电	10.80	0.55%	8284.78	13.04
	安装造价合计	282.89	14.43%	8284.78	341.45
项目总造价		1960.41	100.00%	8284.78	2366.28

技术指标

项目类别	项目名称	单方含量	单位	实际价格/元	单位	单方造价/元	占总造价百分比
混凝土	地下部分	1.43	m³/m²	664.66	m³	233.25	9.86%
	地上部分	0.41	m³/m²	569.66	m³	176.35	7.45%
钢筋	地下部分	142.77	kg/m²	5.54	kg	193.62	8.18%
	地上部分	49.22	kg/m²	5.72	kg	212.65	8.99%
模板	地下部分	3.98	m²/m²	74.79	m²	72.92	3.08%
	地上部分	3.25	m²/m²	76.89	m²	188.68	7.97%
砌体	地下部分	0.08	m³/m²	765.56	m³	15.00	0.63%
	地上部分	0.19	m³/m²	786.64	m³	110.12	4.65%

项目类别	项目名称	单方含量	单位	总造价/万元	单方造价/元	占总造价百分比
电气	管线	8.39	m	170.71	206.05	8.71%
	设备	0.01	台	2.94	3.55	0.15%
	终端	0.27	个	5.12	6.17	0.26%
给水排水	管线	0.80	m	51.36	61.99	2.62%
	终端	0.03	个	3.00	3.62	0.15%
	其他	—	—	7.21	8.70	0.37%
消防	管线	0.11	m	2.35	2.84	0.12%
采暖	管线	0.60	m	14.91	18.00	0.76%
	设备	0.06	台	11.57	13.97	0.59%
	终端	0.09	个	2.89	3.49	0.15%
通风空调	设备	0.00	台	0.04	0.05	0.00%
弱电	管线	0.36	m	9.84	11.88	0.50%
	设备	0.01	台	0.67	0.81	0.03%
	终端	0.03	个	0.28	0.34	0.01%

指标测算概况

工程类别	办公建筑	工程类型	高层办公楼	项目年份	2023
项目地址	漳州	承包模式	工程总承包	承包范围	土建、安装、简装
建筑面积	38850.42m²（其中地下 2887.5m²）	层数	地上 25 层 地下 2 层	结构形式	框架核心筒

计价情况

计价依据	福建 16 定额 13 清单	合同造价	8220.25 万元	计税模式	增值税
质保金	总造价 3%	质量	合格	工期	640d
预付款	总造价 20%	进度款支付方式	形象进度	进度款支付比例	80%

施工范围

本工程包括主体结构工程、保温工程、防水工程、粗装修工程，不包括土石方工程、降水工程、桩基工程、支护工程、门窗工程。

建筑装饰工程主要材料

基础	筏形基础
主体结构	现浇钢筋混凝土结构
二次结构	蒸压加气混凝土砌块；二次结构钢筋：构造柱、圈梁主要以三级钢 $\phi8 \sim \phi12mm$ 为主；二次结构混凝土：构造柱、圈梁以 C25 为主
防水工程	地下室顶板防水：CPS 反应粘接型高分子膜基湿铺防水卷材（双面粘）一道 地下室底板防水：0.4mm 厚 PE 膜隔离层 +3mm 厚自粘聚合物改性沥青防水卷材 地上厨卫防水：2JSA 聚合物水泥防水涂料 +1.5mm 厚合成高分子涂膜防水层 屋面防水：（4mm +3mm）厚高聚物改性沥青防水卷材 +1.5mm 厚非焦油聚氨酯防水涂料层（和女儿墙相交处需上翻至女儿墙顶）
保温工程	40mm 厚挤塑聚苯板保温，B1 级，容重 31kg/m³
屋面工程	1. 面层：8 ~ 10mm 厚防滑地砖铺实拍平，缝宽 5 ~ 8mm，1:1 水泥砂浆填缝 2. 结合层：25mm 厚 1:3 干硬性水泥砂浆结合层 3. 隔离层：聚酯无纺布一层 4. 防水层：（4mm +3mm）厚 SBS 改性沥青防水卷材（聚酯毡胎Ⅱ型） 5. 找平层：30mm 厚 C20 细石混凝土找平层 6. 保温层：75mm 厚挤塑聚苯乙烯泡沫塑料板，B1 级，容重 31kg/m³ 7. 找平层：20mm 厚 1:2.5 水泥砂浆找平层 8. 找坡层：最薄处 30mm 厚 2% 找坡，1:6 憎水型水泥膨胀珍珠岩

安装工程主要材料

电气	配电箱、电气配管、电力电缆、电气配线、桥架、开关插座、灯具
给水排水	阀门、管道、套管
通风空调	管道：PVC-U 排水管
消防	管道：镀锌钢管 KBG 管
弱电	管道：FPC、MT 管

经济指标

工程类别	项目类别	工程造价/万元	造价百分比	建筑面积/m²	造价指标/（元/m²）
土建造价	建筑工程	6641.12	80.49%	38850.42	1709.41
	装饰工程	556.57	6.75%	38850.42	143.26
	土建造价合计	7197.69	87.23%	38850.42	1852.67

（续）

经济指标

工程类别	项目类别	工程造价/万元	造价百分比	建筑面积/m²	造价指标/(元/m²)
安装造价	电气	651.63	7.90%	38850.42	167.73
	给水排水	311.19	3.77%	38850.42	80.10
	消防	37.52	0.45%	38850.42	9.66
	通风空调	8.89	0.11%	38850.42	2.29
	弱电	13.34	0.16%	38850.42	3.43
	安装造价合计	1022.56	12.39%	38850.42	263.21
项目总造价		8220.25	100.00%	38850.42	2115.87

技术指标

项目类别	项目名称	单方含量	单位	实际价格/元	单位	单方造价/元	占总造价百分比
混凝土	地下一次部分	1.31	m³/m²	615.46	m³	59.78	2.81%
	地下二次部分	0.05	m³/m²	656.53	m³	2.51	0.12%
	地上一次部分	0.35	m³/m²	659.14	m³	213.68	10.06%
	地上二次部分	0.02	m³/m²	684.44	m³	13.05	0.61%
钢筋	地下一次部分	145.72	kg/m²	6.64	kg	71.96	3.39%
	地下二次部分	2.10	kg/m²	6.05	kg	0.94	0.04%
	地上一次部分	46.00	kg/m²	6.24	kg	265.56	12.50%
	地上二次部分	2.06	kg/m²	5.98	kg	11.40	0.54%
模板	地下部分	3.40	m²/m²	61.74	m²	15.60	0.73%
	地上部分	3.01	m²/m²	81.19	m²	226.21	10.65%
砌体	地下部分	0.02	m³/m²	622.92	m³	0.95	0.04%
	地上部分	0.20	m³/m²	573.64	m³	106.20	5.00%

项目类别	项目名称	单方含量	单位	总造价/万元	单方造价/元	占总造价百分比
电气	管线	4.11	m	599.30	154.26	7.26%
	设备	0.00	台	32.39	8.34	0.39%
	终端	0.06	个	19.93	5.13	0.24%
给水排水	管线	0.59	m	304.47	78.37	3.69%
	终端	0.01	个	6.72	1.73	0.08%
消防	管线	0.29	m	37.52	9.66	0.45%
通风空调	其他	—	—	8.89	2.29	0.11%
弱电	管线	0.24	m	13.34	3.43	0.16%

指标测算概况

工程类别	办公建筑	工程类型	乙级办公楼	项目年份	2023
项目地址	南京	承包模式	工程总承包	承包范围	土建、安装、简装
建筑面积	4347.73m²	层数	地上 4 层 地下 0 层	结构形式	框架

计价情况

计价依据	江苏 14 定额 18 清单	合同造价	945.94 万元	计税模式	增值税
质保金	总造价 3%	质量	合格	工期	250d
预付款	总造价 20%	进度款支付方式	形象进度	进度款支付比例	80%

施工范围

本工程包括主体结构工程、保温工程、防水工程、粗装修工程，不包括土石方工程、降水工程、桩基工程、支护工程、门窗工程

建筑装饰工程主要材料

基础	独立基础
主体结构	现浇钢筋混凝土结构
二次结构	蒸压加气混凝土砌块；二次结构钢筋：构造柱、圈梁主要以三级钢 φ8～φ12mm 为主；二次结构混凝土：构造柱、圈梁以 C25 为主
防水工程	底板防水：1.5mm 厚高分子自粘胶膜防水卷材，APF 材质，单面自粘，一道 卫生间防水：1.5mm 厚 JS 防水涂料
保温工程	90mm 厚挤塑聚苯乙烯泡沫塑料板（B1 级）
屋面工程	装饰面层：防滑地砖，30mm 厚 1:3 干硬性砂浆粘贴 保护层：40mm 厚 C20 细石混凝土保护层，双向钢筋 φ4@150，分缝 3mm 防水层：1.5mm 厚 JS 防水涂料＋1.5mm 厚单面反应自粘高分子防水卷材 找平层：20mm 厚 1:3 水泥砂浆找平层 找坡层：最薄处 20mm 厚，1:2.5 水泥砂浆找 2% 坡，综合厚度 85mm 保温层：100mm 厚岩棉板保温层，A 级，容重 100kg/m³

安装工程主要材料

电气	配电箱、电气配管、电力电缆、电气配线、桥架、开关插座、灯具
给水排水	阀门、管道、套管
采暖	未包含
通风空调	未包含
消防	配管：SC 管、JGD 管
弱电	桥架：热镀锌槽式桥架

经济指标

工程类别	项目类别	工程造价/万元	造价百分比	建筑面积/m²	造价指标/(元/m²)
土建造价	建筑工程	782.35	82.71%	4347.73	1799.44
	装饰工程	67.49	7.13%	4347.73	155.23
	土建造价合计	849.84	89.84%	4347.73	1954.67

第四篇 甲方成本——项目成本归集，指标含量测算

（续）

经济指标

工程类别	项目类别	工程造价/万元	造价百分比	建筑面积/m²	造价指标/(元/m²)
安装造价	电气	64.38	6.81%	4347.73	148.07
	给水排水	28.76	3.04%	4347.73	66.16
	消防	0.60	0.06%	4347.73	1.38
	弱电	2.36	0.25%	4347.73	5.43
	安装造价合计	96.10	10.16%	4347.73	221.04
项目总造价		945.94	100.00%	4347.73	2175.71

技术指标

项目类别	项目名称	单方含量	单位	实际价格/元	单位	单方造价/元	占总造价百分比
混凝土	地下一次部分	0.07	m³/m²	636.30	m³	45.88	2.11%
	地上一次部分	0.32	m³/m²	664.50	m³	212.64	9.77%
	地上二次部分	0.04	m³/m²	763.22	m³	27.51	1.26%
钢筋	地下一次部分	6.44	kg/m²	5.08	kg	32.73	1.50%
	地上一次部分	41.22	kg/m²	5.17	kg	213.08	9.79%
	地上二次部分	4.53	kg/m²	5.34	kg	24.19	1.11%
模板	地下部分	0.27	m²/m²	61.91	m²	16.58	0.76%
	地上部分	2.91	m²/m²	64.93	m²	189.27	8.70%
砌体	地上部分	0.19	m³/m²	585.69	m³	108.59	4.99%

项目类别	项目名称	单方含量	单位	总造价/万元	单方造价/元	占总造价百分比
电气	管线	7.16	m	52.03	119.66	5.50%
	设备	0.00	台	8.10	18.62	0.86%
	终端	0.20	个	3.85	8.85	0.41%
	其他	—	—	0.41	0.94	0.04%
给水排水	管线	0.30	m	28.40	65.31	3.00%
	终端	0.03	个	0.37	0.85	0.04%
消防	管线	0.07	m	0.60	1.38	0.06%
弱电	管线	0.00	m	2.36	5.43	0.25%

指标测算概况

工程类别	办公建筑	工程类型	自用办公楼	项目年份	2023
项目地址	天津	承包模式	工程总承包	承包范围	土建、安装、简装
建筑面积	7770.4m²	层数	地上 5 层 地下 0 层	结构形式	框架

计价情况

计价依据	天津 20 定额 13 清单	合同造价	1782.88 万元	计税模式	增值税
质保金	总造价 3%	质量	合格	工期	210d
预付款	总造价 20%	进度款支付方式	形象进度	进度款支付比例	80%

施工范围

本工程包括主体结构工程、保温工程、防水工程、粗装修工程，不包括土石方工程、降水工程、桩基工程、支护工程、门窗工程

建筑装饰工程主要材料

基础	桩承台
主体结构	现浇钢筋混凝土结构
二次结构	蒸压加气混凝土砌块；二次结构钢筋：构造柱、圈梁主要以三级钢 $\phi8 \sim \phi12mm$ 为主；二次结构混凝土：构造柱、圈梁以 C25 为主
防水工程	卫生间、洗衣房、开水间、水箱间防水：1.5mm 厚聚合物水泥防水涂料 屋面防水：4mm 厚 I 型 SBS 卷材防水
保温工程	90mm 厚挤塑聚苯板保温层
屋面工程	1. 20mm 厚 1:2.5 水泥砂浆保护层 2. 0.4mm 厚聚乙烯膜保护层 3. 4mm 厚 SBS 防水层 4. 30mm 厚 C20 细石混凝土找平层 5. 90mm 厚挤塑聚苯板保温层 6. 20mm 厚 1:2.5 水泥砂浆找平层 7. 最薄处 30mm 厚，坡度 2%，1:8 水泥憎水型膨胀珍珠岩找坡层

安装工程主要材料

电气	配电箱、电气配管、电力电缆、电气配线、桥架、开关插座、灯具
给水排水	阀门、管道、套管
采暖	设备：铜铝复合散热器、阀门、管道
通风空调	未包含
消防	预埋套管：焊接钢管
弱电	预埋套管：镀锌钢管

经济指标

工程类别	项目类别	工程造价/万元	造价百分比	建筑面积/m²	造价指标/(元/m²)
土建造价	建筑工程	1377.40	77.26%	7770.4	1772.62
	装饰工程	120.66	6.77%	7770.4	155.28
	土建造价合计	1498.06	84.02%	7770.4	1927.90

（续）

经济指标

工程类别	项目类别	工程造价/万元	造价百分比	建筑面积/m²	造价指标/(元/m²)
安装造价	电气	143.24	8.03%	7770.4	184.34
	给水排水	67.07	3.76%	7770.4	86.31
	消防	1.63	0.09%	7770.4	2.09
	通风空调	0.24	0.01%	7770.4	0.30
	采暖	72.62	4.07%	7770.4	93.45
	弱电	0.03	0.00%	7770.4	0.04
	安装造价合计	284.82	15.98%	7770.4	366.55
项目总造价		1782.88	100.00%	7770.4	2294.45

技术指标

项目类别	项目名称	单方含量	单位	实际价格/元	单位	单方造价/元	占总造价百分比
混凝土	地下一次部分	0.08	m³/m²	806.71	m³	66.47	2.90%
	地上一次部分	0.30	m³/m²	617.12	m³	184.33	8.03%
	地上二次部分	0.02	m³/m²	735.20	m³	15.15	0.66%
钢筋	地下一次部分	4.49	kg/m²	6.78	kg	30.44	1.33%
	地上一次部分	40.00	kg/m²	6.52	kg	260.80	11.37%
	地上二次部分	2.97	kg/m²	6.89	kg	20.43	0.89%
模板	地下部分	0.16	m²/m²	72.69	m²	11.98	0.52%
	地上部分	2.87	m²/m²	70.39	m²	202.02	8.80%
砌体	地上部分	0.17	m³/m²	884.99	m³	148.58	6.48%

项目类别	项目名称	单方含量	单位	总造价/万元	单方造价/元	占总造价百分比
电气	管线	6.63	m	117.93	151.77	6.61%
	设备	0.01	台	13.04	16.78	0.73%
	终端	0.21	个	12.27	15.79	0.69%
给水排水	管线	0.30	m	65.04	83.70	3.65%
	终端	0.03	个	2.03	2.61	0.11%
消防	管线	0.01	m	1.63	2.09	0.09%
采暖	管线	0.44	m	38.22	49.19	2.14%
	设备	0.02	台	27.17	34.97	1.52%
	终端	0.07	个	7.22	9.30	0.41%
通风空调	其他	—	—	0.24	0.30	0.01%
弱电	管线	0.00	m	0.03	0.04	0.00%

指标测算概况

工程类别	宾馆酒店	工程类型	五星级酒店	项目年份	2023
项目地址	无锡	承包模式	工程总承包	承包范围	土建、安装、简装
建筑面积	9894.83m²（其中地下 801.64m²）	层数	地上 10 层地下 1 层	结构形式	框架剪力墙

计价情况

计价依据	江苏 14 定额 13 清单	合同造价	2309.68 万元	计税模式	增值税
质保金	总造价 3%	质量	合格	工期	408d
预付款	总造价 20%	进度款支付方式	形象进度	进度款支付比例	80%

施工范围

本工程包括主体结构工程、保温工程、防水工程、粗装修工程，不包括土石方工程、降水工程、桩基工程、支护工程、门窗工程

建筑装饰工程主要材料

基础	筏形基础
主体结构	现浇钢筋混凝土结构
二次结构	蒸压加气混凝土砌块；二次结构钢筋：构造柱、圈梁主要以三级钢 $\phi 8 \sim \phi 12mm$ 为主；二次结构混凝土：构造柱、圈梁以 C25 为主
防水工程	地下室底板防水：4mm 厚预铺反粘聚合物改性沥青防水卷材 + 3mm 厚自粘聚合物改性沥青防水卷材 地下室侧墙防水：3mm 厚自粘聚合物改性沥青防水卷材（含附加层）+ 2mm 厚 BH2 高粘抗滑水性橡胶沥青防水涂料 卫生间防水：1.5mm 厚聚氨酯防水涂料 屋面防水：1.5mm 厚合成高分子防水卷材二层 + 2mm 聚合物水泥防水涂料
保温工程	50mm 厚聚苯乙烯泡沫板 + CL7.5 水泥陶粒混凝土找坡
屋面工程	1. 面贴 300mm×300mm 灰色防滑砖 2. 20mm 厚 1：2.5 预拌水泥砂浆 3. 40mm 厚 C20 细石防水抗裂商品混凝土 4. 40mm 厚挤塑聚苯板保温层 5. 2mm 厚聚合物水泥防水涂料 6. 1.5mm 厚合成高分子防水卷材二层 7. 加气混凝土找坡，坡度 2%，最薄处 30mm 厚

安装工程主要材料

电气	配电箱、电气配管、电力电缆、电气配线、桥架、开关插座、灯具
给水排水	阀门、管道、套管
采暖	未包含
通风空调	未包含
消防	预埋管：SC 管、JDG 管
弱电	预埋管：PVC 管

第四篇　甲方成本——项目成本归集，指标含量测算

（续）

经济指标

工程类别	项目类别	工程造价/万元	造价百分比	建筑面积/m²	造价指标/(元/m²)
土建造价	建筑工程	1897.26	82.14%	9894.83	1917.42
	装饰工程	145.46	6.30%	9894.83	147.00
	土建造价合计	2042.72	88.44%	9894.83	2064.43
安装造价	电气	174.08	7.54%	9894.83	175.93
	给水排水	68.69	2.97%	9894.83	69.42
	消防	17.35	0.75%	9894.83	17.53
	弱电	6.85	0.30%	9894.83	6.92
	安装造价合计	266.96	11.56%	9894.83	269.80
项目总造价		2309.68	100.00%	9894.83	2334.23

技术指标

项目类别	项目名称	单方含量	单位	实际价格/元	单位	单方造价/元	占总造价百分比
混凝土	地下一次部分	1.28	m³/m²	818.21	m³	84.85	3.63%
	地下二次部分	0.01	m³/m²	886.46	m³	0.72	0.03%
	地上一次部分	0.38	m³/m²	851.84	m³	297.48	12.74%
	地上二次部分	0.03	m³/m²	942.12	m³	26.75	1.15%
钢筋	地下一次部分	150.39	kg/m²	5.54	kg	67.50	2.89%
	地下二次部分	2.51	kg/m²	6.90	kg	1.40	0.06%
	地上一次部分	44.91	kg/m²	5.59	kg	230.53	9.88%
	地上二次部分	2.91	kg/m²	7.43	kg	19.89	0.85%
模板	地下部分	4.20	m²/m²	69.57	m²	23.67	1.01%
	地上部分	3.05	m²/m²	76.19	m²	213.56	9.15%
砌体	地下部分	0.07	m³/m³	735.38	m³	4.17	0.18%
	地上部分	0.28	m³/m²	743.52	m³	191.32	8.20%

项目类别	项目名称	单方含量	单位	总造价/万元	单方造价/元	占总造价百分比
电气	管线	5.22	m	169.44	171.24	7.34%
	设备	0.00	台	2.84	2.87	0.12%
	终端	0.02	个	1.81	1.83	0.08%
给水排水	管线	0.42	m	60.08	60.71	2.60%
	设备	0.00	台	3.70	3.74	0.16%
	终端	0.01	个	4.92	4.97	0.21%
消防	管线	0.40	m	17.35	17.53	0.75%
弱电	管线	0.26	m	6.85	6.92	0.30%

指标测算概况

工程类别	宾馆酒店	工程类型	四星级酒店	项目年份	2023
项目地址	锦州	承包模式	工程总承包	承包范围	土建、安装、简装
建筑面积	11804.52m²（其中地下 2996.92m²）	层数	地上 7 层 地下 1 层	结构形式	框架剪力墙

计价情况

计价依据	辽宁 17 定额 13 清单	合同造价	2377.44 万元	计税模式	增值税
质保金	总造价 3%	质量	合格	工期	471d
预付款	总造价 20%	进度款支付方式	形象进度	进度款支付比例	80%

施工范围

本工程包括主体结构工程、保温工程、防水工程、粗装修工程，不包括土石方工程、降水工程、桩基工程、支护工程、门窗工程

建筑装饰工程主要材料

基础	筏形基础
主体结构	现浇钢筋混凝土结构
二次结构	二次结构钢筋：过梁、构造柱、圈梁以一级钢 φ6.5 和三级钢 φ12mm 为主 二次结构混凝土：过梁、圈梁、构造柱以 C20 为主
防水工程	地下室底板防水：4mm 厚 SBS 改性沥青防水卷材 地下室外墙防水：3mm 厚 SBS 改性沥青防水卷材 卫生间地面防水：1.5mm 厚 JS 防水涂料一遍 屋面防水：4mm 厚改性沥青防水卷材
保温工程	楼梯间内墙保温：50mm 厚无机保温浆料 屋面 1：100mm 厚挤塑板（B1 级，30kg/m³） 屋面 3：30mm 厚挤塑板（B1 级，30kg/m³）
屋面工程	1. 铺设土工布过滤层一道（300g/m²） 2. 20mm 厚 DS15.0 预拌砂浆找平 3. 4mm 厚改性沥青防水卷材 4. 20mm 厚 DS15.0 预拌砂浆找平 5. Cl7.5 水泥陶粒混凝土找坡，最薄处 30mm 厚，按 2% 找坡 6. 50mm 厚聚苯乙烯泡沫板 7. 混凝土用输送泵

安装工程主要材料

电气	配电箱、电气配管、电力电缆、电气配线、桥架、开关插座、灯具
给水排水	阀门、管道、套管
采暖	未包含
通风空调	未包含
消防	管道：SC 管
弱电	管道：SC 管、PVC 管

第四篇　甲方成本——项目成本归集、指标含量测算

（续）

经济指标

工程类别	项目类别	工程造价/万元	造价百分比	建筑面积/m²	造价指标/(元/m²)
土建造价	建筑工程	1903.75	80.08%	11804.52	1612.73
	装饰工程	173.66	7.30%	11804.52	147.11
	土建造价合计	2077.41	87.38%	11804.52	1759.84
安装造价	电气	182.01	7.66%	11804.52	154.19
	给水排水	80.02	3.37%	11804.52	67.79
	消防	9.19	0.39%	11804.52	7.78
	采暖	20.20	0.85%	11804.52	17.11
	弱电	8.61	0.36%	11804.52	7.29
	安装造价合计	300.04	12.62%	11804.52	254.17
项目总造价		2377.44	100.00%	11804.52	2014.01

技术指标

项目类别	项目名称	单方含量	单位	实际价格/元	单位	单方造价/元	占总造价百分比
混凝土	地下一次部分	1.21	m³/m²	561.72	m³	172.56	8.57%
	地下二次部分	0.10	m³/m²	589.26	m³	14.96	0.74%
	地上一次部分	0.36	m³/m²	485.48	m³	130.40	6.47%
	地上二次部分	0.02	m³/m²	510.30	m³	7.84	0.39%
钢筋	地下一次部分	125.69	kg/m²	4.80	kg	153.12	7.60%
	地下二次部分	0.59	kg/m²	5.10	kg	0.76	0.04%
	地上一次部分	42.00	kg/m²	4.77	kg	149.45	7.42%
	地上二次部分	1.55	kg/m²	5.20	kg	5.99	0.30%
模板	地下部分	3.98	m²/m²	56.40	m²	56.98	2.83%
	地上部分	2.95	m²/m²	61.48	m²	135.32	6.72%
砌体	地下部分	0.07	m³/m³	600.62	m³	10.99	0.55%
	地上部分	0.23	m³/m²	583.26	m³	98.61	4.90%

项目类别	项目名称	单方含量	单位	总造价/万元	单方造价/元	占总造价百分比
电气	管线	2.51	m	143.01	121.15	6.02%
	设备	0.01	台	35.39	29.98	1.49%
	终端	0.04	个	3.62	3.07	0.15%
给水排水	管线	0.42	m	75.43	63.90	3.17%
	设备	0.00	台	2.07	1.75	0.09%
	终端	0.05	个	2.52	2.13	0.11%
消防	管线	0.30	m	9.19	7.78	0.39%
采暖	管线	0.36	m	16.61	14.07	0.70%
	设备	0.00	台	2.15	1.82	0.09%
	终端	0.01	个	1.06	0.90	0.04%
	其他	—	—	0.38	0.32	0.02%
弱电	管线	0.37	m	8.61	7.29	0.36%

指标测算概况

工程类别	商业建筑	工程类型	地下车库	项目年份	2023
项目地址	洛阳	承包模式	工程总承包	承包范围	土建、安装、简装
建筑面积	41160.31m²	层数	地上 0 层 地下 2 层	结构形式	框架

计价情况

计价依据	河南 16 定额 13 清单	合同造价	9486.08 万元	计税模式	增值税
质保金	总造价 3%	质量	合格	工期	
预付款	总造价 20%	进度款支付方式	形象进度	进度款支付比例	80%

施工范围

本工程包括主体结构工程、防水工程、粗装修工程，不包括土石方工程、保温工程、降水工程、桩基工程、支护工程、门窗工程

建筑装饰工程主要材料

基础	桩基础
主体结构	现浇钢筋混凝土结构
二次结构	蒸压加气混凝土砌块；二次结构钢筋：构造柱、圈梁主要以三级钢 φ8～φ12mm 为主；二次结构混凝土：构造柱、圈梁以 C25 为主
防水工程	地下室底板防水：3mm 厚 SBS 改性沥青防水卷材 地下室侧墙防水：3mm 厚 SBS 改性沥青防水卷材 地下室顶板防水：4mm 厚 SBS 改性沥青防水卷材
保温工程	外墙保温：30mm 厚 XPS 板
屋面工程	未包含

安装工程主要材料

电气	配电箱、电气配管、电力电缆、电气配线、桥架、开关插座、灯具
给水排水	阀门、管道、套管
采暖	管道材质：无缝钢管
通风空调	通风管道：镀锌钢板通风管道 通风空调设备：轴流通风机
消防	消防管道材质：内外壁热浸镀锌钢管 消防电配管：SC 管 消防电配线：WDZN—BYJ、WDZCN—BYJ
弱电	弱电配管：JDG 管、SC 管

经济指标

工程类别	项目类别	工程造价/万元	造价百分比	建筑面积/m²	造价指标/(元/m²)
土建造价	建筑工程	7239.14	76.31%	41160.31	1758.77
	装饰工程	680.77	7.18%	41160.31	165.39
	土建造价合计	7919.90	83.49%	41160.31	1924.16

（续）

经济指标

工程类别	项目类别	工程造价/万元	造价百分比	建筑面积/m²	造价指标/(元/m²)
安装造价	电气	918.72	9.68%	41160.31	223.20
	给水排水	337.63	3.56%	41160.31	82.03
	消防	118.94	1.25%	41160.31	28.90
	通风空调	108.28	1.14%	41160.31	26.31
	采暖	52.33	0.55%	41160.31	12.71
	弱电	30.27	0.32%	41160.31	7.35
	安装造价合计	1566.17	16.51%	41160.31	380.51
项目总造价		9486.08	100.00%	41160.31	2304.67

技术指标

项目类别	项目名称	单方含量	单位	实际价格/元	单位	单方造价/元	占总造价百分比
混凝土	地下一次部分	1.21	m³/m²	622.47	m³	753.19	32.68%
	地下二次部分	0.31	m³/m²	638.57	m³	197.32	8.56%
钢筋	地下一次部分	150.23	kg/m²	5.96	kg	895.97	38.88%
	地下二次部分	0.20	kg/m²	6.28	kg	1.26	0.05%
模板	地下一次部分	3.55	m²/m²	69.04	m²	245.07	10.63%
	地下二次部分	1.93	m²/m²	74.81	m²	144.08	6.25%
砌体	地下部分	0.04	m³/m³	687.96	m³	28.34	1.23%

项目类别	项目名称	单方含量	单位	总造价/万元	单方造价/元	占总造价百分比
电气	管线	2.56	m	779.81	189.46	8.22%
	设备	0.00	台	82.58	20.06	0.87%
	终端	0.12	套	56.32	13.68	0.59%
给水排水	管线	0.03	m	320.93	77.97	3.38%
	设备	0.00	台	9.84	2.39	0.10%
	终端	0.01	个	6.87	1.67	0.07%
消防	管线	3.23	m	56.86	13.81	0.60%
	设备	0.01	台	20.81	5.06	0.22%
	终端	0.21	个	41.28	10.03	0.44%
采暖	管线	0.04	m	38.53	9.36	0.41%
	设备	0.00	台	12.54	3.05	0.13%
	其他	—	—	1.26	0.31	0.01%
通风空调	管线	0.15	m	14.02	3.41	0.15%
	设备	0.00	台	51.59	12.53	0.54%
	终端	0.02	个	40.47	9.83	0.43%
	其他	—	—	2.21	0.54	0.02%
弱电	管线	0.14	m	30.27	7.35	0.32%

指标测算概况

工程类别	卫生建筑	工程类型	门急诊	项目年份	2023
项目地址	烟台	承包模式	工程总承包	承包范围	土建、安装、简装
建筑面积	29412.63m²（其中地下 6174.31m²）	层数	地上 4 层 地下 1 层	结构形式	框架

计价情况

计价依据	山东 16 定额 13 清单	合同造价	6450.91 万元	计税模式	增值税
质保金	总造价 3%	质量	合格	工期	845d
预付款	总造价 20%	进度款支付方式	形象进度	进度支付比例	80%

施工范围

本工程包括主体结构工程、防水工程、保温工程、粗装修工程，不包括土石方工程、降水工程、桩基工程、支护工程、门窗工程。

建筑装饰工程主要材料

基础	筏形基础
主体结构	现浇钢筋混凝土
二次结构	蒸压加气混凝土砌块；二次结构钢筋：构造柱、圈梁主要以三级钢 $\phi 8 \sim \phi 12mm$ 为主；二次结构混凝土：构造柱、圈梁以 C25 为主
防水工程	底板防水：改性三元乙丙橡胶防水卷材，双层铺设，厚度 3mm + 3mm 外墙防水：改性三元乙丙橡胶防水卷材，双层铺设，厚度 3mm + 3mm 地面防水：1.5mm 厚聚氨酯防水层两道 卫生间、淋浴间、有水房间防水：1.5mm 厚聚氨酯防水层 屋面防水：聚乙烯丙纶复合卷材防水层（SBC120）容重 400g/m² 一道
保温工程	屋面保温：75mm 厚挤塑聚苯板保温层，B1 级，容重 31kg/m³ 地下车库、机房、楼梯间等采暖与非采暖空间顶棚保温：喷涂 30mm 厚超细无机纤维保温层
屋面工程	1. 20mm 厚 1:3 水泥砂浆面层，内掺 5% 防水剂 2. 做 1000mm × 1000mm 分格，分格缝用防火密封材料填充 3. 聚乙烯丙纶复合卷材防水层（SBC120）400g/m² 一道 4. 20mm 厚 1:3 水泥砂浆找平层 5. 坡道混凝土拍实找坡（最薄处 30mm） 6. 120mm 厚挤塑板两层错铺粘接 7. 聚乙烯丙纶复合卷材隔汽层（SBC120）400g/m² 一道 8. 20mm 厚 1:3 水泥砂浆找平层

安装工程主要材料

电气	配电箱、电气配管、电力电缆、电气配线、桥架、开关插座、灯具
给水排水	阀门、管道、套管
采暖	未包含
通风空调	未包含
消防	配管：JDG 管
弱电	配管：JDG 管、镀锌钢管

第四篇 甲方成本——项目成本归集，指标含量测算

（续）

经济指标

工程类别	项目类别	工程造价/万元	造价百分比	建筑面积/m²	造价指标/(元/m²)
土建造价	建筑工程	5197.80	80.57%	29412.63	1767.20
	装饰工程	450.16	6.98%	29412.63	153.05
	土建造价合计	5647.96	87.55%	29412.63	1920.25
安装造价	电气	581.53	9.01%	29412.63	197.71
	给水排水	190.07	2.95%	29412.63	64.62
	消防	30.04	0.47%	29412.63	10.21
	弱电	1.31	0.02%	29412.63	0.45
	安装造价合计	802.95	12.45%	29412.63	272.99
项目总造价		6450.91	100.00%	29412.63	2193.24

技术指标

项目类别	项目名称	单方含量	单位	实际价格/元	单位	单方造价/元	占总造价百分比
混凝土	地下一次部分	1.52	m³/m²	772.93	m³	246.62	11.24%
	地下二次部分	0.01	m³/m²	833.96	m³	1.80	0.08%
	地上一次部分	0.32	m³/m²	680.66	m³	171.71	7.83%
	地上二次部分	0.02	m³/m²	702.42	m³	11.43	0.52%
钢筋	地下一次部分	126.19	kg/m²	6.74	kg	178.56	8.14%
	地下二次部分	1.32	kg/m²	7.60	kg	2.10	0.10%
	地上一次部分	43.29	kg/m²	7.47	kg	255.34	11.64%
	地上二次部分	3.66	kg/m²	7.64	kg	22.08	1.01%
模板	地下部分	4.08	m²/m²	76.82	m²	65.79	3.00%
	地上部分	3.11	m²/m²	70.83	m²	174.03	7.93%
砌体	地下部分	0.08	m³/m³	787.73	m³	13.63	0.62%
	地上部分	0.19	m³/m²	750.83	m³	109.98	5.01%

项目类别	项目名称	单方含量	单位	总造价/万元	单方造价/元	占总造价百分比
电气	管线	3.85	m	458.18	155.78	7.10%
	设备	0.00	台	112.16	38.13	1.74%
	终端	0.10	个	11.18	3.80	0.17%
给水排水	管线	0.17	m	181.68	61.77	2.82%
	设备	0.00	台	1.81	0.61	0.03%
	终端	0.03	个	6.59	2.24	0.10%
消防	管线	0.31	m	30.04	10.21	0.47%
弱电	管线	0.02	m	1.31	0.45	0.02%

指标测算概况

工程类别	卫生建筑	工程类型	病房楼	项目年份	2023
项目地址	邯郸	承包模式	工程总承包	承包范围	土建、安装、简装
建筑面积	8925.84m²（其中地下1732.81m²）	层数	地上4层 地下1层	结构形式	框架

计价情况

计价依据	河北12定额 13清单	合同造价	1974.27万元	计税模式	增值税
质保金	总造价3%	质量	合格	工期	350d
预付款	总造价20%	进度款支付方式	形象进度	进度款支付比例	80%

施工范围

本工程包括主体结构工程、防水工程、保温工程、粗装修工程，不包括土石方工程、降水工程、桩基工程、支护工程、门窗工程

建筑装饰工程主要材料

基础	满堂基础
主体结构	现浇钢筋混凝土
二次结构	蒸压加气混凝土砌块；二次结构钢筋：构造柱、圈梁主要以三级钢φ8～φ12mm为主；二次结构混凝土：构造柱、圈梁以C25为主
防水工程	地下室底板基础防水：（1.5mm＋1.5mm）厚蠕变型高分子自粘防水卷材 地下室外墙防水：（1.5mm＋1.5mm）厚蠕变型高分子自粘防水卷材 地下室顶板防水：4mm厚自粘聚合物改性沥青耐根穿刺防水卷材（聚酯胎）含化学阻根剂、具有耐霉菌腐蚀性能＋1.5mm厚蠕变型高分子自粘防水卷材 地上卫生间地面防水：1.5mm厚蠕变型高分子自粘防水卷材＋1.5mm厚聚合物水泥防水涂料 平屋面防水：1.5mm厚蠕变型高分子自粘防水卷材＋1.5mm厚高分子防水涂料 种植屋面防水：4mm厚自粘聚合物改性沥青耐根穿刺防水卷材＋1.5mm厚蠕变型高分子自粘防水卷材
保温工程	屋面保温：80mm厚挤塑板保温材料，B1级＋屋顶开口部位周围做水平500mm宽岩棉防火隔离带，A级
屋面工程	保温不上人平屋面 保护层：40mm厚C20细石混凝土内配φ4@200双向钢筋网片（设分格缝缝宽为10～20mm，并嵌填密封材料，其纵横缝间距不大于6m） 隔离层：10mm厚1:4石灰砂浆 防水层：（3mm＋3mm）厚SBS改性沥青防水卷材 找平层：30mm厚C20细石混凝土找平层 保温层：保温层采用80mm厚挤塑聚苯板，屋顶开口部位周围做水平500mm宽岩棉防火隔离带 找平层：20mm厚1:2.5水泥砂浆找平层 找坡层：最薄处30mm厚焦渣找坡2%

第四篇 甲方成本——项目成本归集，指标含量测算

（续）

安装工程主要材料

电气	配电箱、电气配管、电力电缆、电气配线、桥架、开关插座、灯具
给水排水	阀门、管道、套管
采暖	散热器：钢管对流散热器 管道：镀锌钢管 阀门：铜制阀门
通风空调	未包含
消防	配管：RC 管
弱电	配管：RC 管

经济指标

工程类别	项目类别	工程造价/万元	造价百分比	建筑面积/m²	造价指标/(元/m²)
土建造价	建筑工程	1567.85	79.41%	8925.84	1756.53
	装饰工程	155.62	7.88%	8925.84	174.35
	土建造价合计	1723.47	87.30%	8925.84	1930.88
安装造价	电气	161.37	8.17%	8925.84	180.79
	给水排水	70.24	3.56%	8925.84	78.70
	消防	6.14	0.31%	8925.84	6.88
	采暖	4.35	0.22%	8925.84	4.87
	弱电	8.69	0.44%	8925.84	9.74
	安装造价合计	250.79	12.70%	8925.84	280.98
项目总造价		1974.27	100.00%	8925.84	2211.85

技术指标

项目类别	项目名称	单方含量	单位	实际价格/元	单位	单方造价/元	占总造价百分比
混凝土	地下一次部分	1.38	m³/m²	505.82	m³	135.53	6.13%
	地下二次部分	0.04	m³/m²	485.16	m³	3.88	0.18%
	地上一次部分	0.36	m³/m²	517.47	m³	150.33	6.80%
	地上二次部分	0.08	m³/m²	586.28	m³	38.93	1.76%
钢筋	地下一次部分	146.29	kg/m²	5.90	kg	167.68	7.58%
	地下二次部分	5.63	kg/m²	6.48	kg	7.09	0.32%
	地上一次部分	48.25	kg/m²	5.92	kg	230.02	10.40%
	地上二次部分	3.36	kg/m²	6.45	kg	17.47	0.79%
模板	地下部分	4.77	m²/m²	86.48	m²	80.06	3.62%
	地上部分	3.06	m²/m²	88.05	m²	217.05	9.81%
砌体	地下部分	0.29	m³/m²	593.77	m³	33.24	1.50%
	地上部分	0.35	m³/m²	548.75	m³	155.78	7.04%

技术指标

项目类别	项目名称	单方含量	单位	总造价/万元	单方造价/元	占总造价百分比
电气	管线	13.54	m	141.86	158.93	7.19%
	设备	0.00	台	2.44	2.73	0.12%
	终端	0.30	个	17.07	19.13	0.86%
给水排水	管线	0.96	m	62.19	69.67	3.15%
	设备	0.00	台	2.56	2.87	0.13%
	终端	0.06	个	5.49	6.15	0.28%
消防	管线	0.08	m	6.14	6.88	0.31%
采暖	管线	0.02	m	2.97	3.33	0.15%
	设备	0.00	台	0.88	0.99	0.04%
	终端	0.01	个	0.49	0.55	0.02%
弱电	管线	0.08	m	8.69	9.74	0.44%

指标测算基本情况——地下车库 1 层

指标测算概况

工程类别	卫生建筑	工程类型	地下车库	项目年份	2023
项目地址	成都	承包模式	工程总承包	承包范围	土建、安装、简装
建筑面积	21763.14 m²	层数	地上 0 层 地下 1 层	结构形式	框架

计价情况

计价依据	四川 20 定额 13 清单	合同造价	7381.32 万元	计税模式	增值税
质保金	总造价 3%	质量	合格	工期	
预付款	总造价 20%	进度款支付方式	形象进度	进度款支付比例	80%

施工范围

本工程包括主体结构工程、防水工程、保温工程、降水工程、粗装修工程，不包括土石方工程、桩基工程、支护工程、门窗工程

建筑装饰工程主要材料

基础	筏形基础
主体结构	现浇钢筋混凝土
二次结构	二次结构钢筋：构造柱、圈梁三级钢 φ12mm 二次结构混凝土：构造柱、圈梁、过梁 C25
防水工程	地下室挡墙侧壁防水：（3mm＋4mm）厚 SBS 改性沥青防水卷材（Ⅱ型） 地下室顶板防水：（3mm＋4mm）厚 SBS 改性沥青防水卷材（Ⅱ型） 地下室底板防水：（3mm＋4mm）厚 SBS 改性沥青防水卷材（Ⅱ型），地面 2mm 厚聚合物水泥防水涂料
保温工程	地下室挡墙侧壁 50mm 厚挤塑聚苯板
屋面工程	未包含

安装工程主要材料

电气	照明系统、动力系统、防雷接地系统、变配电系统
给水排水	热水系统、给水系统、污废排水系统
采暖	未包含
通风空调	通风设备类型：轴流风机，新风机
消防	消防系统：喷淋系统、气体灭火系统、消防电系统、消防栓系统
弱电	智能化系统：视频监控系统、背景音乐系统、不间断 UPS 系统、楼宇设备自控系统、门禁系统、电梯五方对讲系统、综合布线系统、信息发布系统 弱电预埋配管：JDG 管

经济指标

工程类别	项目类别	工程造价/万元	造价百分比	建筑面积/m²	造价指标/(元/m²)
土建造价	建筑工程	4617.23	62.55%	21763.14	2121.58
	装饰工程	586.03	7.94%	21763.14	269.27
	土建造价合计	5203.26	70.49%	21763.14	2390.86

（续）

经济指标

工程类别	项目类别	工程造价/万元	造价百分比	建筑面积/m²	造价指标/(元/m²)
安装造价	电气	606.05	8.21%	21763.14	278.48
	给水排水	266.37	3.61%	21763.14	122.40
	消防	185.86	2.52%	21763.14	85.40
	通风空调	114.32	1.55%	21763.14	52.53
	医用气体	816.23	11.06%	21763.14	375.05
	弱电	189.23	2.56%	21763.14	86.95
	安装造价合计	2178.07	29.51%	21763.14	1000.81
项目总造价		7381.32	100.00%	21763.14	3391.66

技术指标

项目类别	项目名称	单方含量	单位	实际价格/元	单位	单方造价/元	占总造价百分比
混凝土	地下一次部分	1.20	m³/m²	605.20	m³	726.24	21.41%
	地下二次部分	0.02	m³/m²	605.06	m³	12.10	0.36%
钢筋	地下一次部分	158.44	kg/m²	5.13	kg	813.50	23.99%
	地下二次部分	0.32	kg/m²	5.13	kg	1.64	0.05%
模板	地下部分	4.22	m²/m²	63.27	m²	267.03	7.87%
砌体	地下部分	0.09	m³/m³	694.43	m³	64.37	1.90%

项目类别	项目名称	单方含量	单位	总造价/万元	单方造价/元	占总造价百分比
电气	管线	4.28	m	340.51	156.46	4.61%
	设备	0.01	台	218.64	100.46	2.96%
	终端	0.18	套	31.54	14.49	0.43%
	其他	—	—	15.36	7.06	0.21%
给水排水	管线	0.19	m	179.36	82.42	2.43%
	设备	0.00	台	64.49	29.63	0.87%
	终端	0.02	个	22.52	10.35	0.31%
消防	管线	2.43	m	61.84	28.41	0.84%
	设备	0.01	台	38.69	17.78	0.52%
	终端	0.20	个	61.78	28.39	0.84%
	其他	—	—	23.55	10.82	0.32%
医用气体	管线	2.25	m	183.92	84.51	2.49%
	设备	0.07	台	449.30	206.45	6.09%
	终端	0.53	个	183.02	84.09	2.48%
通风空调	管线	0.87	m	42.46	19.51	0.58%
	设备	0.00	台	32.17	14.78	0.44%
	终端	0.03	个	39.69	18.24	0.54%

第四篇 甲方成本——项目成本归集，指标含量测算

（续）

技术指标

项目类别	项目名称	单方含量	单位	总造价/万元	单方造价/元	占总造价百分比
弱电	管线	2.66	m	129.89	59.68	1.76%
	设备	0.00	台	19.79	9.09	0.27%
	终端	0.21	个	39.55	18.17	0.54%

指标测算概况

工程类别	教育建筑	工程类型	大学	项目年份	2023
项目地址	怀化	承包模式	工程总承包	承包范围	土建、安装、简装
建筑面积	12716.23m²	层数	地上 5 层 地下 0 层	结构形式	框架

计价情况

计价依据	湖南 20 定额 13 清单	合同造价	2625.75 万元	计税模式	增值税
质保金	总造价 3%	质量	合格	工期	312d
预付款	总造价 20%	进度款支付方式	形象进度	进度款支付比例	80%

施工范围

本工程包括主体结构工程、防水工程、保温工程、粗装修工程，不包括土石方工程、降水工程、桩基工程、支护工程、门窗工程

建筑装饰工程主要材料

基础	独立基础
主体结构	现浇钢筋混凝土
二次结构	蒸压加气混凝土砌块；二次结构钢筋：构造柱、圈梁主要以三级钢 $\phi8 \sim \phi12mm$ 为主；二次结构混凝土：构造柱、圈梁以 C25 为主
防水工程	卫生间、前室防水：1.5mm 厚聚氨酯防水涂料，1.5mm 厚自粘聚合物改性沥青防水卷材一道 走廊、连廊、饮水处防水：20mm 厚 1:2 掺防水剂防水砂浆 屋面防水：4mm 厚 SBS 改性沥青防水卷材一层
保温工程	屋面保温：40mm 厚 XPS 挤塑聚苯板，B2 级
屋面工程	保护层：C20 细石混凝土保护层 40mm 厚 隔离层：无纺布一层（200g/m²） 防水层：4mm 厚 SBS 改性沥青防水卷材一道热熔满贴普通 保温层：50mm 厚挤塑聚苯板 找平层：20mm 厚 1:2.5 水泥砂浆找平 找坡层：30mm 厚（最薄处）LC5.0 轻骨料混凝土找 3% 坡

安装工程主要材料

电气	配电箱、电气配管、电力电缆、电气配线、桥架、开关插座、灯具
给水排水	阀门、管道、套管
采暖	未包含
通风空调	未包含
消防	预埋管：SC 管
弱电	未包含

（续）

经济指标

工程类别	项目类别	工程造价/万元	造价百分比	建筑面积/m²	造价指标/(元/m²)
土建造价	建筑工程	2100.44	79.99%	12716.23	1651.78
	装饰工程	276.36	10.52%	12716.23	217.33
	土建造价合计	2376.80	90.52%	12716.23	1869.11
安装造价	电气	174.66	6.65%	12716.23	137.35
	给水排水	73.42	2.80%	12716.23	57.73
	消防	0.87	0.03%	12716.23	0.69
	安装造价合计	248.95	9.48%	12716.23	195.77
项目总造价		2625.75	100.00%	12716.23	2064.88

技术指标

项目类别	项目名称	单方含量	单位	实际价格/元	单位	单方造价/元	占总造价百分比
混凝土	地上一次部分	0.38	m³/m²	567.78	m³	215.76	10.45%
	地上二次部分	0.02	m³/m²	580.36	m³	11.96	0.58%
钢筋	地上一次部分	46.26	kg/m²	5.76	kg	266.64	12.91%
	地上二次部分	2.91	kg/m²	6.74	kg	19.65	0.95%
模板	地上部分	3.12	m²/m²	79.83	m²	249.07	12.06%
砌体	地下部分	0.16	m³/m³	690.68	m³	113.82	5.51%

项目类别	项目名称	单方含量	单位	总造价/万元	单方造价/元	占总造价百分比
电气	管线	6.98	m	146.74	115.40	5.59%
	设备	0.00	台	8.74	6.87	0.33%
	终端	0.21	个	19.18	15.09	0.73%
给水排水	管线	0.25	m	72.20	56.78	2.75%
	终端	0.01	个	1.22	0.96	0.05%
消防	管线	0.03	m	0.87	0.69	0.03%

指标测算概况

工程类别	教育建筑	工程类型	宿舍	项目年份	2023
项目地址	西宁	承包模式	工程总承包	承包范围	土建、安装、简装
建筑面积	4895.65m²	层数	地上 5 层 地下 0 层	结构形式	框架

计价情况

计价依据	青海 19 定额 13 清单	合同造价	1065.03 万元	计税模式	增值税
质保金	总造价 3%	质量	合格	工期	231d
预付款	总造价 20%	进度款支付方式	形象进度	进度款支付比例	80%

施工范围

本工程包括主体结构工程、防水工程、保温工程、粗装修工程，不包括土石方工程、降水工程、桩基工程、支护工程、门窗工程

建筑装饰工程主要材料

基础	独立基础
主体结构	现浇钢筋混凝土
二次结构	蒸压加气混凝土砌块；二次结构钢筋：构造柱、圈梁主要以三级钢 φ8 ~ φ12mm 为主；二次结构混凝土：构造柱、圈梁以 C25 为主
防水工程	卫生间防水：1.5mm 厚聚氨酯防水涂料 + 0.7mm 厚聚乙烯丙纶防水卷材 屋面防水：2 层 3mm 厚 SBS 高聚物沥青防水卷材粘贴
保温工程	屋面保温：挤塑聚苯乙烯泡沫塑料板，130mm 厚
屋面工程	面层：20mm 厚 1:2.5 水泥砂浆面层 保护层：40mm 厚 C25 细石混凝土 隔离层：10mm 厚低标号砂浆隔离层 防水层：1.5mm 厚无胎自粘聚合物改性沥青防水卷材 + 1.5mm 厚聚合物水泥防水灰浆 找平层：20mm 厚 1:3 水泥砂浆 找坡层：最薄处 30mm 厚 1:6 水泥焦渣 2% 找坡层，综合厚度 100mm 保温层：挤塑聚苯乙烯泡沫塑料板，130mm 厚

安装工程主要材料

电气	配电箱、电气配管、电力电缆、电气配线、桥架、开关插座、灯具
给水排水	阀门、管道、套管
采暖	设备：柱形散热器 阀门：法兰阀门 管道：镀锌钢管
通风空调	未包含
消防	预埋管：焊接钢管
弱电	预埋管：PC 管

第四篇　甲方成本——项目成本归集，指标含量测算

（续）

经济指标

工程类别	项目类别	工程造价/万元	造价百分比	建筑面积/m²	造价指标/（元/m²）
土建造价	建筑工程	857.32	80.50%	4895.65	1751.18
	装饰工程	69.05	6.48%	4895.65	141.05
	土建造价合计	926.37	86.98%	4895.65	1892.23
安装造价	电气	78.96	7.41%	4895.65	161.29
	给水排水	29.34	2.75%	4895.65	59.93
	消防	1.05	0.10%	4895.65	2.14
	采暖	28.72	2.70%	4895.65	58.66
	弱电	0.59	0.06%	4895.65	1.20
	安装造价合计	138.66	13.02%	4895.65	283.23
项目总造价		1065.03	100.00%	4895.65	2175.45

技术指标

项目类别	项目名称	单方含量	单位	实际价格/元	单位	单方造价/元	占总造价百分比
混凝土	地上一次部分	0.36	m³/m²	620.82	m³	223.50	10.27%
	地上二次部分	0.02	m³/m²	601.26	m³	12.39	0.57%
钢筋	地上一次部分	48.14	kg/m²	5.89	kg	283.57	13.04%
	地上二次部分	4.08	kg/m²	5.88	kg	23.98	1.10%
模板	地上部分	3.05	m²/m²	404.61	m²	1234.05	56.73%
砌体	地上部分	0.20	m³/m²	883.36	m³	176.67	8.12%

项目类别	项目名称	单方含量	单位	总造价/万元	单方造价/元	占总造价百分比
电气	管线	8.43	m	66.59	136.02	6.25%
	设备	0.01	台	7.05	14.39	0.66%
	终端	0.32	个	5.32	10.87	0.50%
给水排水	管线	0.29	m	24.61	50.27	2.31%
	终端	0.11	个	4.73	9.66	0.44%
消防	管线	0.03	m	1.05	2.14	0.10%
采暖	管线	0.30	m	10.91	22.28	1.02%
	设备	0.03	台	16.33	33.35	1.53%
	终端	0.04	个	1.48	3.02	0.14%
弱电	管线	0.02	m	0.59	1.20	0.06%

指标测算概况

工程类别	教育建筑	工程类型	地下车库	项目年份	2023
项目地址	湛江	承包模式	工程总承包	承包范围	土建、安装、简装
建筑面积	4832.36m²	层数	地上 0 层 地下 1 层	结构形式	框架剪力墙

计价情况

计价依据	广东 18 定额 13 清单	合同造价	1430.53 万元	计税模式	增值税
质保金	总造价3%	质量	合格	工期	
预付款	总造价20%	进度款支付方式	形象进度	进度款支付比例	80%

施工范围

本工程包括主体结构工程、防水工程、保温工程、粗装修工程，不包括土石方工程、降水工程、桩基工程、支护工程、门窗工程

建筑装饰工程主要材料

基础	桩基础
主体结构	现浇钢筋混凝土结构
二次结构	蒸压加气混凝土砌块；二次结构钢筋：构造柱、圈梁主要以三级钢 φ8～φ12mm 为主；二次结构混凝土：构造柱、圈梁以 C25 为主
防水工程	底板 3mm 厚 SBS 改性沥青防水卷材，墙面 1.5mm 厚聚合物水泥防水涂料
保温工程	外墙 30mm 厚挤塑聚苯板保温层
屋面工程	未包含

安装工程主要材料

电气	电气系统：防雷接地系统、照明系统、动力系统
给水排水	给水排水系统：给水系统、污废排水系统
采暖	未包含
通风空调	通风空调系统：通风系统、空调系统 空调系统类型：户式多联机系统
消防	消防系统：消防栓系统、喷淋系统、消防电系统
弱电	智能化系统：背景音乐系统、视频监控系统、门禁系统、巡更系统

经济指标

工程类别	项目类别	工程造价/万元	造价百分比	建筑面积/m²	造价指标/(元/m²)
土建造价	建筑工程	1095.86	76.61%	4832.36	2267.76
	装饰工程	109.98	7.69%	4832.36	227.58
	土建造价合计	1205.84	84.29%	4832.36	2495.34
安装造价	电气	105.84	7.40%	4832.36	219.02
	给水排水	49.78	3.48%	4832.36	103.02
	消防	27.83	1.95%	4832.36	57.59
	通风空调	19.55	1.37%	4832.36	40.46
	弱电	21.69	1.52%	4832.36	44.89
	安装造价合计	224.69	15.71%	4832.36	464.97
项目总造价		1430.53	100.00%	4832.36	2960.31

（续）

技术指标

项目类别	项目名称	单方含量	单位	实际价格/元	单位	单方造价/元	占总造价百分比
混凝土	地下一次部分	1.23	m³/m²	634.98	m³	781.02	26.38%
	地下二次部分	0.02	m³/m²	642.59	m³	12.85	0.43%
钢筋	地下一次部分	150.19	kg/m²	6.67	kg	1001.41	33.83%
	地下二次部分	0.03	kg/m²	6.87	kg	0.21	0.01%
模板	地下部分	4.11	m²/m²	70.26	m²	288.77	9.75%
砌体	地下部分	0.09	m³/m³	843.36	m³	75.90	2.56%

项目类别	项目名称	单方含量	单位	总造价/万元	单方造价/元	占总造价百分比
电气	管线	3.62	m	44.78	92.67	3.13%
	设备	0.12	台	20.52	42.46	1.43%
	终端	0.14	个	30.07	62.23	2.10%
	其他	—	—	10.47	21.66	0.73%
给水排水	管线	0.54	m	21.40	44.29	1.50%
	设备	0.00	台	19.56	40.48	1.37%
	终端	0.03	个	8.82	18.25	0.62%
消防	管线	3.11	m	13.97	28.91	0.98%
	设备	0.02	台	6.49	13.43	0.45%
	终端	0.27	个	5.11	10.58	0.36%
	其他	—	—	2.25	4.66	0.16%
通风空调	管线	0.81	m	7.69	15.91	0.54%
	设备	0.00	台	2.17	4.49	0.15%
	终端	0.03	个	9.69	20.05	0.68%
弱电	管线	2.17	m	18.84	38.98	1.32%
	设备	0.00	台	0.08	0.17	0.01%
	终端	0.00	套	2.77	5.74	0.19%

指标测算概况

工程类别	文体建筑	工程类型	图书馆	项目年份	2023
项目地址	宜宾	承包模式	工程总承包	承包范围	土建、安装、简装
建筑面积	21051.41m²（其中地下 2030.07m²）	层数	地上 3 层 地下 1 层	结构形式	框架剪力墙

计价情况

计价依据	四川 20 定额 13 清单	合同造价	4539.05 万元	计税模式	增值税
质保金	总造价 3%	质量	合格	工期	558d
预付款	总造价 20%	进度款支付方式	形象进度	进度款支付比例	80%

施工范围

本工程包括主体结构工程、防水工程、保温工程、粗装修工程，不包括土石方工程、降水工程、桩基工程、支护工程、门窗工程

建筑装饰工程主要材料

基础	筏形基础、桩承台基础
主体结构	现浇钢筋混凝土
二次结构	蒸压加气混凝土砌块；二次结构钢筋：构造柱、圈梁主要以三级钢 $\phi8 \sim \phi12$mm 为主；二次结构混凝土：构造柱、圈梁以 C25 为主
防水工程	空调机房、水泵房防水：1.5mm 厚聚氨酯防水层 卫生间防水：1.5mm 厚聚合物水泥基复合防水涂料 + 1.5mm 厚聚氨酯防水层
保温工程	屋面保温：90mm 厚难燃型挤塑聚苯板，容重 35kg/m³
屋面工程	1. 面层：防滑地砖屋面层 2. 结合层：25mm 厚 1:3 干硬性水泥砂浆 3. 保护层：50mm 厚 C20 细石混凝土保护层，内配 $\phi6.5@150$ 单层双向钢筋网设分格缝 6m × 6m，缝宽 20mm，内嵌油膏 4. 隔离层：200g/m² 无纺布隔离层 5. 保温层：90mm 厚难燃型挤塑聚苯板（B1 级燃烧等级），容重 35kg/m³ 6. 防水层 1：3mm 厚聚酯胎 SBS 改性沥青防水卷材，沿墙上翻完成面 250mm 7. 防水层 2：1.5mm 厚 JS 防水涂料，沿墙上翻完成面 250mm 8. 找平层：20mm 厚 1:2 水泥砂浆找平层 9. LC7.5 陶粒混凝土找坡层，最薄处 30mm 厚，随浇随抹光 10. 钢筋结构板基层

安装工程主要材料

电气	配电箱、电气配管、电力电缆、电气配线、桥架、开关插座、灯具
给水排水	阀门、管道、套管
采暖	未包含
通风空调	管道：PVC-U 排水管
消防	预埋管：防水套管、JDG 管、防火喷塑槽式桥架
弱电	未包含

（续）

经济指标

工程类别	项目类别	工程造价/万元	造价百分比	建筑面积/m²	造价指标/(元/m²)
土建造价	建筑工程	3797.51	83.66%	21051.41	1803.92
	装饰工程	280.18	6.17%	21051.41	133.09
	土建造价合计	4077.69	89.84%	21051.41	1937.02
安装造价	电气	296.24	6.53%	21051.41	140.72
	给水排水	132.47	2.92%	21051.41	62.93
	消防	32.61	0.72%	21051.41	15.49
	通风空调	0.04	0.00%	21051.41	0.02
	安装造价合计	461.36	10.16%	21051.41	219.16
项目总造价		4539.05	100.00%	21051.41	2156.17

技术指标

项目类别	项目名称	单方含量	单位	实际价格/元	单位	单方造价/元	占总造价百分比
混凝土	地下一次部分	1.38	m³/m²	490.15	m³	65.24	3.03%
	地下二次部分	0.01	m³/m²	495.68	m³	0.49	0.02%
	地上一次部分	0.47	m³/m²	450.48	m³	192.86	8.94%
	地上二次部分	0.02	m³/m²	487.50	m³	9.07	0.42%
钢筋	地下一次部分	139.83	kg/m²	6.54	kg	88.24	4.09%
	地下二次部分	1.22	kg/m²	6.85	kg	0.80	0.04%
	地上一次部分	49.59	kg/m²	6.65	kg	297.91	13.82%
	地上二次部分	3.12	kg/m²	6.80	kg	19.17	0.89%
模板	地下部分	4.32	m²/m²	68.62	m²	28.59	1.33%
	地上部分	3.51	m²/m²	84.49	m²	296.57	13.75%
砌体	地下部分	0.01	m³/m³	769.11	m³	0.89	0.04%
	地上部分	0.12	m³/m²	787.61	m³	94.51	4.38%

项目类别	项目名称	单方含量	单位	总造价/万元	单方造价/元	占总造价百分比
电气	管线	4.70	m	247.20	117.43	5.45%
	设备	0.00	台	46.38	22.03	1.02%
	终端	0.04	个	2.66	1.26	0.06%
给水排水	管线	0.11	m	121.30	57.62	2.67%
	设备	0.00	台	4.64	2.20	0.10%
	终端	0.00	个	6.52	3.10	0.14%
消防	管线	0.73	m	32.61	15.49	0.72%

指标测算概况

工程类别	文体建筑	工程类型	体育场	项目年份	2023
项目地址	洛阳	承包模式	工程总承包	承包范围	土建、安装、简装
建筑面积	1561.56m²	层数	地上 1 层 地下 0 层	结构形式	框架

计价情况

计价依据	河南 16 定额 13 清单	合同造价	731.46 万元	计税模式	增值税
质保金	总造价 3%	质量	合格	工期	
预付款	总造价 20%	进度款支付方式	形象进度	进度款支付比例	80%

施工范围

本工程包括主体结构工程、防水工程、保温工程、粗装修工程，不包括土石方工程、降水工程、桩基工程、支护工程、门窗工程

建筑装饰工程主要材料

基础	独立基础
主体结构	现浇钢筋混凝土
二次结构	蒸压加气混凝土砌块；二次结构钢筋：构造柱、圈梁主要以三级钢 φ8 ~ φ12mm 为主；二次结构混凝土：构造柱、圈梁以 C25 为主
防水工程	未包含
保温工程	外墙保温：50mm 厚挤塑聚苯乙烯泡沫板
屋面工程	膜结构屋面

安装工程主要材料

电气	配电箱、电气配管、电力电缆、电气配线、桥架、开关插座、灯具
给水排水	阀门、管道、套管
采暖	未包含
通风空调	风管道：镀锌钢板 通风空调设备：排气扇
消防	未包含
弱电	弱电配管：JDG 管 弱电配线：八芯六类非屏蔽双绞线，RVV 居室安防系统：紧急呼叫按钮、视频监控

经济指标

工程类别	项目类别	工程造价/万元	造价百分比	建筑面积/m²	造价指标/(元/m²)
土建造价	建筑工程	528.35	72.23%	1561.56	3383.47
	装饰工程	65.85	9.00%	1561.56	421.72
	土建造价合计	594.20	81.24%	1561.56	3805.19

第四篇　甲方成本——项目成本归集，指标含量测算

（续）

经济指标

工程类别	项目类别	工程造价/万元	造价百分比	建筑面积/m²	造价指标/(元/m²)
安装造价	电气	57.70	7.89%	1561.56	369.50
	给水排水	19.77	2.70%	1561.56	126.61
	消防	32.61	4.46%	1561.56	208.85
	通风空调	2.27	0.31%	1561.56	14.52
	弱电	24.91	3.40%	1561.56	159.49
	安装造价合计	137.26	18.76%	1561.56	878.98
项目总造价		731.46	100.00%	1561.56	4684.17

技术指标

项目类别	项目名称	单方含量	单位	实际价格/元	单位	单方造价/元	占总造价百分比
混凝土	地上一次部分	0.70	m³/m²	716.23	m³	501.36	10.70%
	地上二次部分	0.03	m³/m²	862.45	m³	25.87	0.55%
钢筋	地上一次部分	82.06	kg/m²	6.06	kg	497.39	10.62%
	地上二次部分	0.32	kg/m²	6.86	kg	2.20	0.05%
模板	地上部分	5.22	m²/m²	72.30	m²	377.41	8.06%
砌体	地上部分	0.32	m³/m²	608.73	m³	194.37	4.15%

项目类别	项目名称	单方含量	单位	总造价/万元	单方造价/元	占总造价百分比
电气	管线	7.22	m	53.46	342.36	7.31%
	设备	0.01	台	1.81	11.57	0.25%
	终端	0.15	套	2.43	15.57	0.33%
给水排水	管线	0.37	m	9.71	62.20	1.33%
	设备	0.01	套	8.02	51.37	1.10%
	终端	0.10	个	2.04	13.04	0.28%
通风空调	管线	0.04	m	1.66	10.62	0.23%
	设备	0.01	台	0.54	3.43	0.07%
	终端	0.00	个	0.07	0.47	0.01%
消防	管线	0.73	m	32.61	208.85	4.46%
弱电	管线	7.01	m	11.76	75.31	1.61%
	设备	0.00	台	0.28	1.82	0.04%
	终端	0.20	个	10.20	65.29	1.39%
	其他	—	—	2.67	17.08	0.36%

指标测算概况

工程类别	工业建筑	工程类型	厂房	项目年份	2023
项目地址	长沙	承包模式	工程总承包	承包范围	土建、安装、简装
建筑面积	19089.03m²	层数	地上 1 层 地下 0 层	结构形式	钢结构

计价情况

计价依据	湖南 20 定额 13 清单	合同造价	3411.42 万元	计税模式	增值税
质保金	总造价 3%	质量	合格	工期	269d
预付款	总造价 20%	进度款支付方式	形象进度	进度款支付比例	80%

施工范围

本工程包括主体结构工程、防水工程、保温工程、土石方工程、粗装修工程、精装修工程，不包括降水工程、桩基工程、支护工程、门窗工程

建筑装饰工程主要材料

基础	独立基础
主体结构	现浇钢筋混凝土
二次结构	蒸压加气混凝土砌块；二次结构钢筋：构造柱、圈梁主要以三级钢 φ8～φ12mm 为主；二次结构混凝土：构造柱、圈梁以 C25 为主
防水工程	厂房地面防水：3mm 厚自粘型聚酯胎防水卷材
保温工程	彩钢板屋面保温：100mm 厚玻璃棉卷毡保温层
屋面工程	1. 0.6mm 厚上层压型钢板 2. 防水透气膜 3. 0.2mm 厚隔热反射箔 4. 0.5mm 厚底层内衬钢板

安装工程主要材料

电气	配电箱、电气配管、电力电缆、电气配线、桥架、开关插座、灯具
给水排水	阀门、管道、套管
采暖	未包含
通风空调	未包含
消防	预埋管：JDG 管 控制线缆：WDZN—RVS 消火栓系统：热镀锌钢管、法兰对夹碟阀、截止阀、消防水泵接合器
弱电	未包含

经济指标

工程类别	项目类别	工程造价/万元	造价百分比	建筑面积/m²	造价指标/(元/m²)
土建造价	建筑工程	2849.19	83.52%	19089.03	1492.58
	装饰工程	234.41	6.87%	19089.03	122.80
	土建造价合计	3083.61	90.39%	19089.03	1615.38

（续）

经济指标

工程类别	项目类别	工程造价/万元	造价百分比	建筑面积/m²	造价指标/（元/m²）
安装造价	电气	206.27	6.05%	19089.03	108.06
	给水排水	99.35	2.91%	19089.03	52.04
	消防	22.19	0.65%	19089.03	11.62
	安装造价合计	327.81	9.61%	19089.03	171.72
项目总造价		3411.42	100.00%	19089.03	1787.11

技术指标

项目类别	项目名称	单方含量	单位	实际价格/元	单位	单方造价/元	占总造价百分比
混凝土	地下一次部分	0.02	m³/m²	492.92	m³	10.15	0.57%
	地上一次部分	0.30	m³/m²	517.57	m³	155.27	8.69%
	地上二次部分	0.02	m³/m²	566.25	m³	11.33	0.63%
钢筋	地下一次部分	1.40	kg/m²	5.47	kg	7.66	0.43%
	地上一次部分	75.00	kg/m²	5.22	kg	391.39	21.90%
	地上二次部分	0.03	kg/m²	6.47	kg	0.20	0.01%
模板	地下部分	0.30	m²/m²	72.36	m²	21.71	1.21%
	地上部分	0.48	m²/m²	75.36	m²	36.17	2.02%
砌体	地上部分	0.20	m³/m²	752.00	m³	150.40	8.42%

项目类别	项目名称	单方含量	单位	总造价/万元	单方造价/元	占总造价百分比
电气	管线	1.64	m	203.30	106.50	5.96%
	设备	0.00	台	1.29	0.68	0.04%
	终端	0.03	个	1.68	0.88	0.05%
给水排水	管线	0.10	m	95.95	50.26	2.81%
	终端	0.00	个	3.40	1.78	0.10%
消防	管线	0.14	m	17.02	8.92	0.50%
	终端	0.00	个	2.75	1.44	0.08%
	其他	—	—	2.42	1.27	0.07%

单方含量（建筑面积）综合指标——地上

序号	大业态	办业态	结构形式	单方造价(元/m²)	混凝土含量(m³/m²)	模板(m²/m²)	钢筋单方含量(kg/m²)	砌体结构(m³/m²)	楼地面防水(m²/m²)	屋面防水(m²/m²)	屋面保温(m²/m²)	墙体保温(m²/m²)	楼地面粗装(m²/m²)	内墙面粗装(m²/m²)	天棚面粗装(m²/m²)	外墙面粗装(m²/m²)	外墙脚手架(m²/m²)	门窗比(m²/m²)
1	居住建筑	住宅 住宅7层及以下	框架剪力墙	2005	0.35	3.15	48.00	0.20	0.40	0.60	0.39	0.65	0.80	2.89	0.95	0.74	1.00	0.25
2		住宅18层及以下	框架剪力墙	2170	0.36	3.20	47.00	0.19	0.43	0.65	0.42	0.70	0.86	3.12	1.03	0.80	1.00	0.27
3		住宅20层	框架剪力墙	2195	0.38	3.22	46.00	0.18	0.42	0.63	0.41	0.68	0.84	3.03	1.00	0.78	1.00	0.26
4		住宅47层	框架剪力墙	2112	0.40	3.25	49.00	0.10	0.39	0.58	0.38	0.63	0.78	2.81	0.92	0.72	1.00	0.24
5		政府保障房7层及以下	框架剪力墙	2045	0.45	3.92	55.00	0.22	0.35	0.52	0.34	0.57	0.70	2.52	0.83	0.65	1.00	0.22
6		政府保障房18层及以下	框架剪力墙	2442	0.48	3.95	60.00	0.20	0.33	0.50	0.32	0.54	0.66	2.40	0.79	0.61	1.00	0.21
7		政府保障房 高层保障房	框架剪力墙	2316	0.47	3.90	58.00	0.14	0.36	0.54	0.35	0.58	0.72	2.60	0.85	0.66	1.00	0.22
8		公寓 多层公寓4层	框架剪力墙	2559	0.34	3.02	45.00	0.31	0.41	0.62	0.40	0.67	0.82	2.96	0.97	0.76	1.00	0.26
9		中层公寓12层	框架剪力墙	2276	0.32	3.00	43.00	0.28	0.39	0.58	0.38	0.63	0.78	2.82	0.93	0.72	1.00	0.24
10		高层公寓25层	框架剪力墙	2292	0.35	3.10	48.00	0.26	0.42	0.63	0.41	0.68	0.84	3.02	0.99	0.77	1.00	0.26
11		别墅 独栋别墅2层	框架	2556	0.42	3.50	51.00	0.32	0.46	0.69	0.45	0.74	0.92	3.31	0.89	0.85	1.00	0.29
12		双拼别墅3层	框架	2711	0.45	3.60	52.00	0.32	0.47	0.71	0.46	0.77	0.94	3.41	0.92	0.87	1.00	0.29
13		联排别墅3层	框架剪力墙	2135	0.36	3.23	41.79	0.13	0.46	0.69	0.45	0.75	0.92	3.34	0.90	0.86	1.00	0.29
14		联排别墅7层	框架剪力墙	2366	0.41	3.25	49.22	0.19	0.46	0.69	0.45	0.74	0.92	3.31	0.89	0.85	1.00	0.29
15	办公建筑	高层办公楼25层	框架核心筒	2116	0.35	3.01	46.00	0.20	0.61	0.63	0.60	0.98	0.95	4.37	0.98	1.12	1.00	0.38
16		乙级办公楼4层	框架	2176	0.32	2.91	41.22	0.19	0.57	0.62	0.56	0.93	0.96	4.15	0.96	1.06	1.00	0.36
17		企业自用办公楼5层	框架	2294	0.30	2.87	40.00	0.17	0.59	0.64	0.58	0.96	0.99	4.27	0.99	1.09	1.00	0.37
18	宾馆酒店	五星级酒店10层	框架剪力墙	2334	0.38	3.05	44.91	0.28	0.70	0.56	0.69	0.80	0.98	5.04	0.93	1.29	1.00	0.44
19		四星级酒店7层	框架剪力墙	2014	0.36	2.95	42.00	0.23	0.55	0.69	0.54	0.90	0.92	4.00	0.92	1.02	1.00	0.35
20	卫生建筑	门急诊4层	框架	2193	0.32	3.11	43.29	0.19	0.53	0.69	0.52	0.87	0.91	3.85	0.91	0.99	1.00	0.33
21		病房楼4层	框架	2212	0.36	3.06	48.25	0.35	0.47	0.69	0.46	0.77	0.94	3.41	0.93	0.87	1.00	0.29
22	教育建筑	大学办公楼5层	框架	2065	0.38	3.12	46.26	0.16	0.42	0.63	0.41	0.68	0.84	3.04	0.96	0.78	1.00	0.26
23		宿舍5层	框架	2175	0.36	3.05	48.14	0.20	0.45	0.68	0.44	0.73	0.90	3.26	0.94	0.83	1.00	0.28
24	文体建筑	图书馆3层	框架剪力墙	2156	0.47	3.51	49.59	0.12	0.47	0.71	0.46	0.77	0.95	3.42	0.99	0.88	1.00	0.30
25		体育馆1层	框架	4864	0.70	5.22	82.06	0.32	0.53	0.80	0.52	0.87	0.92	3.85	0.96	0.99	1.00	0.33
26	工业建筑	厂房1层	钢结构	1787	0.30	0.48	75.00	0.20	—	—	—	—	—	—	—	—	—	—

单方含量（建筑面积）综合指标——地下

序号	大业态	分业态	结构形式	单方造价/（元/m²）	混凝土含量/（m³/m²）	模板/（m²/m²）	钢筋单方含量/（kg/m²）	砌体结构/（m³/m²）	楼地面防水/（m²/m²）	楼地面粗装/（m²/m²）	内墙面粗装/（m²/m²）	天棚面粗装/（m²/m²）	外墙脚手架/（m²/m²）
1	住宅	住宅18层以下	框架剪力墙	2170	1.30	4.39	142.00	0.04	2.21	0.58	1.68	0.78	1.00
2		住宅20层	框架剪力墙	2195	1.25	4.06	141.38	0.05	1.99	0.52	1.51	0.70	1.00
3		地下车库1层	框架剪力墙	2074	1.30	3.72	145.00	0.04	1.84	0.48	1.40	0.65	1.00
4	居住建筑	公寓 多层公寓4层	框架剪力墙	2559	1.32	4.22	153.54	0.03	2.17	0.57	1.65	0.77	1.00
5		公寓 中层公寓12层	框架剪力墙	2276	1.25	3.82	140.00	0.03	1.95	0.51	1.48	0.69	1.00
6		公寓 高层公寓25层	框架剪力墙	2292	1.48	4.35	165.08	0.08	2.17	0.57	1.65	0.77	1.00
7		别墅 双拼别墅3层	框架	2711	1.27	4.02	123.26	0.10	2.49	0.65	1.90	0.88	1.00
8		别墅 联排别墅3层	框架剪力墙	2135	1.56	4.11	126.36	0.05	2.62	0.69	1.99	0.92	1.00
9		别墅 联排别墅7层	框架剪力墙	2366	1.43	3.98	142.77	0.08	2.31	0.61	1.75	0.81	1.00
10	办公建筑	高层办公楼25层	框架核心筒	2116	1.31	3.40	145.72	0.02	3.20	0.84	2.43	0.85	1.00
11	宾馆酒店	五星级酒店10层	框架剪力墙	2334	1.28	4.20	150.39	0.07	3.69	0.97	2.80	0.82	1.00
12		四星级酒店7层	框架剪力墙	2014	1.21	3.98	125.69	0.07	2.93	0.77	2.23	0.83	1.00
13		地下车库2层	框架	2305	1.21	3.55	150.23	0.04	2.38	0.63	1.81	0.84	1.00
14	卫生建筑	门急诊4层	框架	2193	1.52	4.08	126.19	0.08	2.82	0.74	2.14	0.99	1.00
15		病房楼4层	框架	2212	1.38	4.77	146.29	0.05	2.49	0.65	1.90	0.88	1.00
16		地下车库1层	框架	3392	1.20	4.22	158.44	0.09	1.94	0.51	1.47	0.68	1.00
17		地下车库1层	框架剪力墙	2960	1.23	4.11	150.19	0.09	1.84	0.48	1.40	0.65	1.00
18	教育建筑	图书馆3层	框架剪力墙	2156	1.38	4.32	139.83	0.01	2.22	0.58	1.69	0.78	1.00